臺灣
茶作學

 農業部茶及飲料作物改良場 編著   五南圖書出版公司 印行

序 |

　　茶為世界三大飲料作物之一，是天然、具保健性又有文化底蘊的飲品，飲茶傳風華，一杯好茶從茶樹的栽培開始。現今我國茶園面積穩定維持在 1.2 萬公頃左右，以南投縣及嘉義縣種植面積約占 68%，又海拔高度超過 1 千公尺（高山茶定義）的茶園面積約有五成，故茶樹的品種選擇及田間栽培管理、茶樹生長與發育、茶園的水土保持與開墾，均非常重要。此外，在面臨極端氣候對於茶樹生長繁殖、病蟲草害防治、茶樹修剪技術、天然災害的防治等技術，更是需要加速研究與推動；尤其在茶農高齡化及缺工挑戰下，從茶菁的採摘標準、機械採收作業及茶園機械化的使用，更是重要的產業發展課題。

　　為賡續臺灣茶未來之發展，必須綜合運用科學研究成果及現代新技術進行產業升級，以機採茶菁為原料並透過智慧製茶程序產製高品質與產量穩定的臺灣茶為目標，從而建構一套完整的臺灣茶產銷體系，是目前茶產業科技研發面臨的重要挑戰，也是茶作科學研究成果的具體展現。基此，茶業改良場邀集研究同仁針對茶園之栽培與管理技術編輯成專書，兼具科學理論與實務，期能提供茶農朋友、農業推廣人

員、農學相關科系學生及愛茶人士參考，並有助臺灣茶產業之永續發展。時光列車進入民國 112 年，欣逢建場 120 週年，謹以此書作為邁向下一個百年的開始。

　　本書於民國 112 年 4 月由行政院農業委員會茶業改良場（農業部茶及飲料作物改良場前身）完成編印，書中敘及行政院農業委員會或茶業改良場之業務權限，均由民國 112 年 8 月 1 日改制後之農業部或農業部茶及飲料作物改良場承接。

農業部茶及飲料作物改良場　場長

蘇宗振　謹識

中華民國 112 年 4 月

中華民國 112 年 9 月修訂

目錄 | CONTENTS

01

緒　論

文圖／蘇宗振、邱垂豐、吳聲舜

一、前言

臺灣有茶樹嗎？又何時開始種植茶樹？

臺灣原生山茶泛指臺灣山區的原生茶類植物，可供製作不同茶類，最早有茶樹相關記載的文獻，為荷蘭人在 1645 年 3 月所撰寫的《巴達維亞城日記》載有「在臺灣也曾發現茶樹，但此似乎亦與土質有關……」，雖未載明發現之地點，但其所指的茶樹無疑是原生山茶。臺灣原生山茶比較肯定的記載應是在清康熙 56 年（1717）編修的《諸羅縣志》中，該書之物產志記載略以「水沙連山中有一種，味別；能消暑瘴」。此外，清雍正 2 年（1724）黃叔璥所撰《臺海使槎錄卷三－赤嵌筆談》提及：「水沙連茶，在深山中。眾木蔽虧，霧露濛密，晨曦晚照，總不能及。色綠如松蘿，性極寒，療熱症最效。每年，通事於各番議明入山焙製。」（林等，2003；阮，2003）另查清朝時期所稱的水沙連一地，乃今南投縣魚池、頭社、日月潭、埔里盆地等及內山的眉社一帶。

此外，在臺灣尚有種植一般栽培種茶樹，從歷史記載可溯及清嘉慶年間（1796～1820）就有記載，直到清道光年間（1821～1850）才有輸往福州精製後再出口的紀錄，此時期臺灣茶是扮演一個烏龍茶區域分工（代工）的角色。直至 1865 年英國人約翰‧杜德（John Dodd）來臺灣考察後，隔年（1866）開始鼓勵種茶，1868 年在艋舺設精製廠，1869 年以「Formosa Tea」（臺灣茶）的名稱外銷美國紐約成功，奠定臺灣茶葉外銷的基礎，並正式以臺灣茶名義在國際舞臺占有一席之地。

以臺灣茶業發展脈絡而言，從荷蘭、鄭氏據臺時期（1624～1683）係以轉口貿易為主非實質種茶及製茶，而實際種植茶樹並製茶可大致分為清末（1860～1895）的開創期，到日治時期（1895～1945）的奠基期，再到臺灣光復後（1945～1982）臺灣茶的外銷暢旺期，至民國 70 年代（1981）的內需擴張及飲茶文藝期，後至民國 90 年代（2001～）迄今由精品茶及商用茶雙軌並行，這 5 個時期（約 160 年間）臺灣茶各自有其發展的茶類及特色。隨著政經局勢的變化，相對的國內茶樹栽培面積亦跟著起伏；依據歷史資料，1895 年茶園面積約有 25,000 公頃，至 1919 年日治時期曾高達 46,400 公頃之多，後至臺灣光復後於民國 48 年（1959）茶園面積一度高達 48,442 公頃，創下臺灣茶史上最高種植面積，進入民國 89 年

（2000）後面積首次降至 2 萬公頃以下（19,701 公頃），近 5 年（2018 ～ 2022）穩定維持在 1.2 ～ 1.4 萬公頃左右。

二、臺灣茶產業發展歷程

　　臺灣地處亞熱帶，四面環海，屬海洋型氣候，四季分明，相對溼度 60 ～ 80 ％，年雨量 2,000 ～ 3,000 公釐，土壤屬第 3、4 紀洪積層，山坡地土壤 pH 值 4.0 ～ 5.5，屬酸性土壤。基於環境及土壤適合茶樹生育，全臺幾乎都有種植茶樹，目前臺灣主要茶區分為北部茶區（雙北市及宜蘭茶區）、桃竹苗茶區、中部茶區（臺中、南投茶區）、雲嘉茶區及花東高屏茶區等 5 個茶區，因臺灣各產茶區域具獨特且優質的氣候及土壤環境蘊育條件及在品種的適當選擇下，各茶區皆能產製具特色及風味的茶葉，如碧螺春綠茶、文山包種茶、高山茶、凍頂烏龍茶、東方美人茶、鐵觀音茶、紅烏龍茶及紅茶等，加上各茶區的積極推動產地品牌下，極具有在地魅力的茶葉商品應運而生，呈現百花齊放的榮景（圖 1-1）。

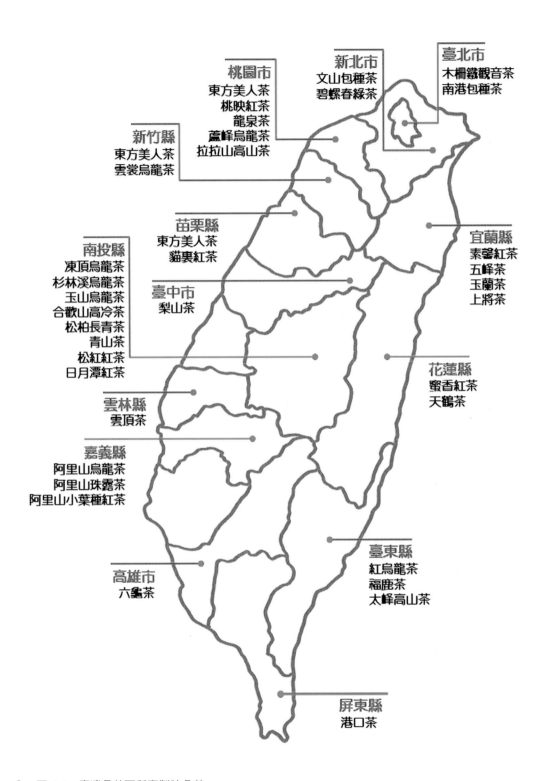

桃園市
東方美人茶
桃映紅茶
龍泉茶
蘆峰烏龍茶
拉拉山高山茶

新北市
文山包種茶
碧螺春綠茶

臺北市
木柵鐵觀音茶
南港包種茶

新竹縣
東方美人茶
雲裳烏龍茶

苗栗縣
東方美人茶
貓裏紅茶

宜蘭縣
素馨紅茶
五峰茶
玉蘭茶
上將茶

南投縣
凍頂烏龍茶
杉林溪烏龍茶
玉山烏龍茶
合歡山高冷茶
松柏長青茶
青山茶
松紅紅茶
日月潭紅茶

臺中市
梨山茶

花蓮縣
蜜香紅茶
天鶴茶

雲林縣
雲頂茶

嘉義縣
阿里山烏龍茶
阿里山珠露茶
阿里山小葉種紅茶

臺東縣
紅烏龍茶
福鹿茶
太峰高山茶

高雄市
六龜茶

屏東縣
港口茶

圖 1-1　臺灣各茶區所產製特色茶。

臺灣茶產業的發展沿革，可概分如下：

1. 開創期：臺灣種植茶樹肇始於清朝統治時期（1683～1895）。臺灣通史記載嘉慶 15 年（1810）柯朝氏從福建武夷山引入茶子（植於今新北市瑞芳地區），開啓臺灣北部大規模種植茶樹，也就是清朝開拓臺灣 127 年後，才正式有證據可考。同治 4 年（1865）英商約翰・杜德（John Dodd）來臺灣發展茶業，除調查臺灣茶產銷，1866 年由福建安溪購進大量茶子、茶苗，鼓勵茶農種植，並引進外資對茶農舉辦「茶業貸款」，扶助茶葉增產。1868年聘請福州茶師，購進製茶器具，在臺北辦理烏龍茶精製試驗成功，1869年在艋舺創設精製烏龍茶廠，同年將 2,131 擔（每擔 60 公斤）的烏龍茶以臺灣茶（Formosa Tea）的標記，裝載了兩艘帆船直航美國紐約，是爲臺灣茶葉外銷的第一人。1895 年張迺妙兄弟自福建省安溪引入純種鐵觀音茶苗，植於木柵樟湖山，相傳爲木柵鐵觀音茶之起源。

2. 奠基期：日治時期（1895～1945）臺灣茶業主要發展爲推廣優良地方品種（青心烏龍、青心大冇、大葉烏龍及硬枝紅心等 4 大名種）及擴大茶園面積，成立茶業試驗研究機構（1903 年設立安平鎮製茶試驗場，爲今行政院農業委員會茶業改良場前身）建立巡迴教師制度及導入機械製茶，並設立「臺灣總督府茶檢查所」嚴格管制出口品質。1920 年之後，全球面臨經濟恐慌，加上印尼、錫蘭（現今斯里蘭卡）及爪哇等地紅茶興起，大量生產紅茶外銷，在國際茶葉市場形成劇烈的競爭，改變了歐美市場的飲茶習慣，臺灣烏龍茶外銷數量大幅減少。1922 年首辦臺灣茶葉品評會及製茶技術競賽，改善製茶技術提升品質，爲今日臺灣各種優良茶比賽會的雛形。民國 15 年（1926）將印度阿薩姆茶種引進臺灣，於南投魚池地方試種成功，並設立魚池紅茶試驗所，以謀發展紅茶開拓國際市場，是繼烏龍茶及包種茶之後，可供外銷的茶類。1941 年太平洋戰爭爆發，茶葉外銷受阻。

3. 外銷暢旺期：即光復後至民國 70 年（1945～1981），戰後初期，政府除獎勵生產外，並成立臺灣農林股份有限公司茶葉分公司（爲國營事業），直接經營部分茶園，期使荒蕪茶園迅速復耕，恢復生產。至民國 48 年（1959）更達 48,442 公頃，創下臺灣茶園面積最高的紀錄。光復後臺灣茶業在國際茶市有利的情況下，提供臺灣茶絕佳的外銷時機，以製造國際市

場所需的茶類，包括綠茶、包種茶、包種花茶、烏龍茶及紅茶，所生產茶葉 90 % 以上外銷，爭取外匯。1952 年眉茶與珠茶輸出量（6,150 公噸）即占當年總外銷量的 65 %。該時期臺灣茶外銷的主要市場約可分為：日本市場─煎茶；非洲市場─綠茶（眉茶、珠茶）；美國市場─綠茶轉變為烏龍茶再變為紅茶；歐洲市場─為紅茶、綠茶及烏龍茶；東南亞市場─紅茶、綠茶及烏龍茶。唯自 1960 年代初期，因競爭作物出現，臺灣茶栽培已呈遞減之勢，尤以 1960 ～ 1965 年間遞減速度最快，全國茶園面積由 48,442 公頃急速降為 37,600 公頃，短短 5 年間計減少 10,842 公頃；至 1986 年再縮減為 24,584 公頃。

4. 內需擴張及飲茶文藝期：1971 年以後，由於臺灣工商經濟快速發展，國民平均收入與生活水準日益提高，臺幣急速升值，國人平均飲茶量增加。1974 年世界爆發能源危機，全球消費力下降，外銷困難，臺灣茶葉出口量只占世界茶葉出口總量 4 % 不到。換言之，臺灣茶葉已由外銷逐漸轉為內銷。1981 年後，臺灣茶葉外銷量開始低於總產量 50 %，並轉而大量輸入茶葉，值此農業政策在茶產業做了重大改變，於民國 71 年（1982）廢除「臺灣省製茶業管理規則」（即規範持有經濟部「工廠登記證」的茶廠必須加入公會，而且必須要有臺灣省政府農林廳（現今行政院農業委員會農糧署前身）發給的「製茶許可證」才可製茶），以「還茶予農、廠農合一」輔導茶農逐步走向產製銷一元化及茶生產專業區，奠定精品茶（手工茶）的產銷基礎。日後臺灣茶的銷售情形發展出 1980 年代以前以外銷為主、1980 年代後期逐漸轉為內銷為重的現象，即臺灣茶葉銷售市場經歷了由外銷為主轉為內銷為主的劇烈轉變，內銷市場的興起使臺灣茶在外銷市場失利後得以再繼續發展，目前每年供應以內銷為主、外銷為輔。民國 81 年（1992）茶葉進口量首次超越出口量（圖 1-2）。

5. 精品茶及商用茶雙軌並行：民國 90 年代（2001～）迄今，其中因消費型態及次世代消費產品的改變，茶的元素更多以罐裝飲料、手搖飲的速食及方便性風貌展現。尤其在民國 91 年（2002）年正式加入世界貿易組織（WTO）後，臺灣茶葉市場更形開放，茶葉進口量逐漸增加由 1.7 萬公噸逐年增加到民國 108 年（2019）的 3.3 萬公噸，幾乎是增加 1 倍之多（圖 1-2）。截至

　　民國 109 年（2020）臺灣茶種植面積為 1.2 萬多公頃，年產量近 1.4 萬公噸茶葉。臺灣茶產業發展朝精品茶及商用茶雙軌並進，供應國內外市場。

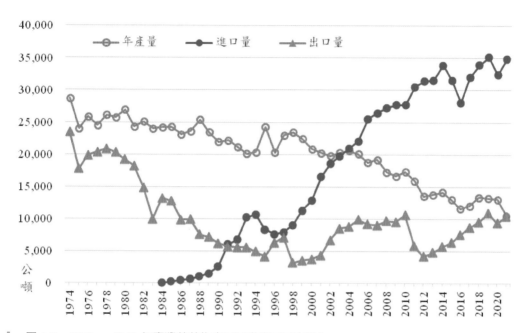

▌　圖 1-2　1973 ～ 2020 年臺灣茶葉生產量及進出口量之變化。

三、臺灣茶園種植面積之變遷

　　臺灣茶樹栽培肇始於臺北等北部地區，隨後向桃園、新竹、苗栗發展， 1900 年全臺茶園面積已有 26,610 公頃，其後每年平均以相當幅度增加，至 1919 年以後臺灣茶種植面積已趨穩定，維持在 45,000 ～ 47,000 公頃，極少變動。此一穩定局面於太平洋戰爭（1941）爆發後被破壞無遺，由於當時海運中斷，茶葉出口困難，茶園面積隨之快速縮減。臺灣光復之時，僅為 34,255 公頃，較戰前（1940）面積 45,639 公頃減少 11,384 公頃，減幅達 25 ％。

　　有鑑於此，農政當局除獎勵生產之外，並成立臺灣農林公司茶業分公司，直接經營部分茶園，期使荒蕪茶園迅速復耕恢復生產，茶葉種植面積有快速回升之現象，時至民國 45 年（1956）則已超越戰前水準，至民國 48 年（1959）更創臺灣茶

園面積之最高紀錄達 48,442 公頃（表 1-1），較光復當年增加 0.42 倍。

　　唯自民國 50 年（1961）因國外茶產品競爭及政府推動轉作其他作物，臺灣茶栽培面積已呈遞減之趨勢，尤以 1960 ～ 1965 年間縮減速度最快，茶園總面積由 4.8 萬多公頃急速降爲 3.7 萬多公頃，短短 5 年間減少 1 萬多公頃左右。此後，爲了提振茶產業，政府相關單位積極辦理各項茶業改進工作，如選育優良品種，更新衰老茶園，開闢新茶區，但以上改進措施僅緩和及降低遞減率，全國茶園栽培仍逐年減少。 1970 年代茶葉外銷市場萎縮，平地茶園土地逐漸變爲工商業、科學區及遊樂區等，北部茶區逐漸減少。取而代之的是高山茶區發展成形，南投和嘉義茶區逐漸變爲全臺栽培面積最多的縣市。

　　進入民國 90 年代（2000）泡沫茶飲開始盛行，商用茶用量驟增，國內因產製不足及成本問題，逐漸被進口茶取代，年進口量約 3 萬多公噸（圖 1-2）。整體觀之，民國 70 年以前臺灣茶主要產區位於雙北（現今的臺北市、新北市）及桃竹苗（面積約占 73 ％）；民國 80 年後產業由外銷轉爲內銷，中南部高海拔茶區逐漸增加，已達全國茶園面積的 79 ％（表 1-1）。

▼ 表 1-1　臺灣各縣市茶園面積之變遷（公頃）

縣市別	1959 年	1986 年	2004 年	2011 年	2019 年	2021 年
臺北市	65	175	133	132	63	63
新北市	17,101	5,175	2,611	1,670	750	754
宜蘭縣	431	779	535	232	166	162
桃園市	9,820	3,021	1,146	790	534	544
新竹縣	12,853	6,767	947	553	400	401
新竹市	-	-	-	2	1	0.5
苗栗縣	5,154	1,982	836	468	295	271
臺中市	145	-	56	434	464	459
南投縣	2,478	4,621	8,217	6,834	6,518	6,552
彰化縣	-	-	-	8	2	2
雲林縣	-	215	468	432	348	346
嘉義縣	-	806	2,294	2,189	1,827	1,783
高雄市	-	70	168	121	154	127
屏東縣	2	16	30	13	344	462
臺東縣	11	509	606	294	193	194
花蓮縣	50	439	149	145	133	130
基隆市	332	9	-	-	-	-

縣市別	1959 年	1986 年	2004 年	2011 年	2019 年	2021 年
合計	48,442	24,584	18,196	14,317	12,192	12,251

資料來源：行政院農業委員會農業統計資料

四、臺灣茶樹的品種與改良

（一）不該被遺忘的國寶─臺灣原生山茶

在臺灣成長的原生茶類植物，似乎並沒有受到茶產業界的矚目與青睞，而成為茶飲市場的主流，主要原因是原生山茶生長地區位於偏遠深山、株形高大採摘不便，茶葉滋味帶有苦澀與特殊味道有相當的關係。直到民國 88 年（1999）6 月茶業改良場魚池分場正式推出臺茶 18 號（紅玉），是以臺灣原生山茶為父本與緬甸大葉種 Burma 雜交，歷經 48 年所選育，為紅茶之優良品種，臺灣原生山茶亦因此才能重出山林，受到茶界注目（邱，2004）。民國 108 年（2019）6 月臺東分場亦以臺灣原生山茶變種永康山茶選育出臺茶 24 號（山蘊），適宜製作紅茶及綠茶等茶類（余等，2019）。

蘇夢淮（2007）利用茶樹外部形態特徵、花粉形態、氣孔形態、葉片橫切面構造及 DNA 分子鑑定，探討臺灣原生山茶和兩個近緣分類群「茶與阿薩姆茶」的關係。研究結果顯示，臺灣原生山茶對於茶或是阿薩姆茶皆有較大差異，認為臺灣原生山茶應列「種」之階級，學名稱為 *Camellia formosensis*；同時，認為臺東永康地區之族群在外部形態已有明顯分化，應該是臺灣原生山茶的變種，並命名為 *C. formosensis* var. *yungkangensis*，中文名稱為「永康山茶」。由此，臺灣原生山茶的分類地位得到進一步的解析，並列為「種」之階級。

（二）一般栽培種

目前茶樹品種的分別，仍以 *Camellia sinensis* (L.) O. Kuntze 作為茶樹的學名，其下有兩個主要栽培種，包括小葉變種（*Camellia sinensis* (L.) O. Kuntze var. *sinensis*）（俗稱小葉種）；大葉變種（*Camellia sinensis* (L.) O. Kuntze var. *assamica* (Masters) Kitamura）（俗稱大葉種）。

茶樹原產於中國，在中國發展已有幾千年的歷史，是世界上最早發現、栽培及利用茶樹的國家。早期科學未發達，多數以種子繁殖，然因茶樹屬異交作物，實生的後代基因分離演變出許多不同的個體，生長勢佳、品質帶有特殊香氣和滋味的就被留存下來，成為地方品種或優良品系。

清朝嘉慶年間茶葉一直是對外貿易的重要物資，隨著福建、廣東的移民把武夷山製造烏龍茶的品種及加工技術傳入臺灣，開啟了臺灣茶產業的發展。烏龍茶是臺灣最早製造的茶類，初期茶葉栽培是以播種方式種植（又稱蒔茶），之後為了維持茶樹品種的純正及一致的萌芽性，才改為茶秧（壓條苗）種植。早期先民種植茶樹是沿著淡水河的支流如大嵙崁、新店溪及基隆河之丘陵地帶種植，後因茶葉需求量的增加，逐漸延伸至臺北和新竹州（今桃、竹、苗三縣市）一帶。民國 20 年代（1931）日本人統計當時臺灣茶園，擁有形質各異的茶樹品種約 30 餘種。除了一部分為引進品種外，大部分為民間業者自行選育。日人相當好奇日本茶樹栽培有數百年歷史，但茶樹品種極少，反觀臺灣茶業發展僅有 50 、 60 年時間，卻擁有 30 多個品種的成就，很難以想像。實乃因氣候、土壤適宜，持續的進行無性繁殖壓條法之成果所在，且多半是以大葉烏龍及青心烏龍為基礎而選育者。

日治時期臺灣總督府為提高茶葉生產量與品質，淘汰劣種改種優良品種，依據茶業試驗所之試驗報告，遂選定早生種的大葉烏龍、硬枝紅心，中生種的青心大冇及晚生種的青心烏龍為 4 大名種。為加速推廣優良品種，臺灣總督府擬訂獎勵茶苗生產計畫，從 1917 年開始至 1942 年止，在此 25 年間配發近 2 億株茶苗之實績，對臺灣茶業之生產奠定堅實之基礎。

茶樹無性繁殖法有分株、壓條、扦插及嫁接等方法，早期臺灣茶樹繁殖及栽培以壓條苗為主，茶業改良場從 1937 年陸續進行茶樹扦插繁殖的研究，至民國 64 年（1975）以茶樹扦插加速成長法，突破傳統式茶樹育苗壓條方法，改進數量少、育苗時間長之缺點，對臺灣新植茶園及衰老茶園更新貢獻良多。目前全國茶園的新植或更新所需茶苗均以扦插苗為主，且都由專業育苗場負責供應。

（三）臺灣茶樹品種的改良試驗

茶樹為異交作物，倘以有性繁殖無法維持其親本的特性，所以大都以無性繁殖為主；但新品種的育成必須靠有性繁殖，一般茶樹採用傳統雜交育種時間，必須花

費 20 年以上，才能育出新的茶樹品種，相當耗時又費力。臺灣茶樹育種的工作始於日治時期，其茶樹育種經過概分成幾個階段：（1）從地方品種選擇優良品種，從 1910 年起到 1931 年止，陸續選拔出青心烏龍、青心大冇、大葉烏龍及硬枝紅心 4 大名種推廣種植。（2）1911 年起從天然雜交中選擇育成優良品種。（3）1916 年起開始進行人工雜交育種，以青心烏龍和黃柑種雜交，得到 2 個雜交個體，經 14 年的培育至 1931 年種植 360 株進行大區域比較試驗，分別命名為臺農 2 號及 3 號，至 1941 年育成優良品種臺農 8 號及 20 號。據統計日治時期選拔之個體或品系數多達 3 千餘品系。

臺灣光復後，茶業改良場育種試驗於 1948 年重新整理，並依據茶樹育種程序進行選種及人工雜交試驗，開始漫長的育種工作，至民國 72 年（1983）止，分 5 批分別向臺灣省政府農林廳申請命名審查，選出臺茶 1 號至 17 號，到民國 110 年（2021）陸續增加至臺茶 25 號，這些品種分別適製綠茶、包種茶、烏龍茶及紅茶等各種茶類。

五、臺灣茶發展策略

茶業改良場在臺灣百年茶產業發展過程中，一直扮演著重要的角色，而規劃未來茶產業發展的願景，必須面對產業發展困境及盤點相關研究量能，才能正視問題、克服問題，並引領臺灣茶產業邁向下一個百年盛世。檢視臺灣茶產業的強弱危機分析（SWOT Analysis）如下：

（一）優勢（Strength）

1. 臺灣地處亞熱帶，多丘陵地，適合茶樹生長，生產茶葉品質優良，具獨特風味。

2. 臺灣製茶歷史長久，融合中國、日本及本地的風土氣候條件，獨創精良製茶技術，且經過茶業改良場及農民不斷的技術研究改良，已發展出各地特色茶。

3. 臺灣茶葉長久以來已樹立形象，特別在華人市場中知名度高，被視為高貴禮品。

4. 國人常以臺灣茶葉作爲出國觀光旅遊或洽公商務的禮品，來臺旅遊之外國觀光客亦視臺灣茶葉爲臺灣必買之名產。

5. 臺灣已發展茶葉溯源制度及茶葉產地鑑別技術，有助我國茶葉不受其他國家產製臺式烏龍茶混充。

（二）劣勢（Weakness）

1. 臺灣茶葉生產成本（工資、土地、原物料價格）過高，亦有農村人力老化等缺工問題，使臺灣茶不具成本優勢。

2. 多屬小農經營型態，茶農缺乏議價與行銷能力，且各自製茶導致品質不一。

3. 茶葉品牌過多，品質、分級與訂價缺乏公信力，難以選擇辨認。

4. 臺灣生產製造之茶葉，常受其他國家產製之臺式茶混充假冒，造成消費者受誤導或混淆。

5. 臺灣茶葉與茶文化知名度仍以華人市場爲主，不易進一步擴展到其他非華人市場。

（三）機會（Opportunity）

1. 各產區具有不同的氣候與土壤條件，能利用此地理性差異，建立特色茶品牌。

2. 依據消費者即飲及方便性需求，開發製造較便利的袋茶或罐裝飲料茶，增進茶葉消費。

3. 結合食農教育紮根及地方性觀光、休閒、茶藝、餐飲等產業，發展茶文化，將能擴大茶葉市場。

4. 隨著新興消費市場人民所得提升，高價農產品的需求亦逐漸增加。

5. 消費者意識抬頭，重視「安全、國產、產品分級」，故結合產地品牌、分級包裝、比賽封條等評鑑方式，有助於消費者認可產品品質。例如運用茶業改良場推出的臺灣特色茶風味輪及臺灣茶分類分級系統（Taiwan-tea Assortment and Grading System, TAGs），有助消費者更容易了解茶的風味特色並形塑臺灣茶的安全、國產、優質之形象。

（四）威脅（Threat）

1. 成本低的茶葉大量在國際貿易市場上流通。
2. 國內需要教育茶農安全用藥態度與方式，避免農藥殘留問題影響消費者信心。
3. 茶飲料市場受其他替代品瓜分，如咖啡、酒、可樂、果汁等，壓縮茶飲料市場空間。
4. 中國及其他產茶國家產量持續增加，各種茶類皆能量產，且具有低成本優勢，對出口與內需供應造成威脅。
5. 氣候變遷及從業人力高齡化影響國內茶葉生產減量及品質變化。

基於 SWOT 分析後，據以擬定臺灣茶發展的 4 大策略如下（行政院農業委員會茶業改良場，2018）：

策略一　茶園之永續經營

一、茶樹育種方向及分子育種應用
㈠ 以分子育種及智慧科技等新科技，縮短茶樹育種年限，加速新品種育成。
㈡ 以因應氣候變遷（耐逆境）、解決農業缺工（適合機械管理）、符合市場需求（年輕化）及品質特殊性等，作為茶樹育種方向。

二、茶園友善耕作體系
㈠ 精進有機及友善耕作制度，開發低成本及高效率生物防治資材，降低生產成本及強化產品價值。
㈡ 優化有機驗證系統並與國際接軌，加強農民教育訓練，以利國際行銷。

三、智慧化茶園體系
㈠ 依市場需求開發智慧化農機具，兼顧精準化管理及產品品質均一性，提升茶葉品質及競爭優勢。
㈡ 專業技術傳承方式，由傳統師徒制轉型為 AI（artificial intelligence）—人工智慧（包括智慧茶園及智能製茶），並提升工作環境效能，以吸引青農返鄉。

策略二　茶保健及多元產品開發

一、臺灣特色茶製茶技藝與省工作業

㈠　在不影響茶葉品質及香味前提下，加速開發部分發酵茶之萎凋、發酵及揉捻等加工製程之智（自）動化機具。

㈡　依據臺灣特色茶及精品茶蘊涵特殊的製茶工藝所建立分類分級標準（臺灣特色茶風味輪），加強與國內外消費者溝通。

二、茶加工與多元產品開發

㈠　強化萃取與加工技術之研發，提升茶葉中有效成分濃度，提高機能性成分及感官口味，符合年輕化市場；整合茶周邊商品，延伸茶產業加值效益。

㈡　開發即時飲用等便利性新產品及保健食品、植物新藥等之高值化產品。

三、副產物加值利用

㈠　透過創新加值，妥善利用茶葉副產物特性開發創新產品，達到剩餘資源再利用（減廢）及友善環境目標。

㈡　開發茶葉副產物運用於食品加值、機能飼料、醫美產業、環保建材等異業結盟及運用模式，並進行產業研發布局。

策略三　茶飲料調製與應用

一、市場分析與開發

㈠　茶飲市場的開發應強化原料源頭管理與供應，重視配方、配料及加工工藝，並透過品牌行銷、服務加值及文化價值來創造商機。

㈡　商用茶發展需運用拼配技術加以穩定品質及供貨數量，與精品茶強調產地來源及區域性特性之發展方向應有所區隔。

二、原料開發與利用

㈠　針對具新興風味性、機能性、進口替代性高之飲料原料，優先進行跨單位合作開發。

㈡　飲料市場開發以符合年輕人便利、簡單及時尚需求，從嗜好性、機能性及差異性著手。

三、原料調配與沖製

㈠ 配合商用茶冷飲多於熱飲之趨勢，強化冷泡茶品種育成及製程之開發。

㈡ 研析臺灣茶沖泡及拼配黃金比例，並提高萃取品質。

策略四　產業創新國際化

一、跨域整合提升產業層級

㈠ 針對特色茶及商用茶等重要臺灣茶種類進行產業盤點，並研析臺灣茶在亞太地區及全球之定位及發展策略，整合跨領域跨部會資源，並結合政府與民間力量，共同振興臺灣茶產業。

㈡ 建立臺灣茶分類分級標準，推動國際學程及感官品評交流，掌握臺灣烏龍茶的國際話語權。

二、產業人才發展創新

㈠ 加強產官學研各界共同培訓產製銷跨域產業人才，增進產業人才服務創新能力，持續擴大推動及完善人才鑑定體系，強化各類茶業從業人員專業度。

㈡ 建置人才育成基地，結合青農力量，促進新能量匯聚，以活絡產業人才泉源。

三、品牌建立與國際行銷

㈠ 強化茶葉衛生安全、國際認驗證、以臺灣茶風味輪建立品牌方式，強化與消費者溝通，開拓國際市場。

㈡ 導入或結合電子商務行銷或利用擴增實境（augmented reality, AR）、虛擬實境（virtual reality, VR）與混合實境（mixed reality, MR）、手遊及桌遊等新型傳播媒介，強化茶文化體驗，以拓展年輕消費族群。

六、結語

　　俗語「看茶製茶、看天氣製茶」（臺語），完全道出茶菁品質的重要性，而茶菁品質從栽培時的品種選擇開始，到環境影響及田間栽培管理，進而到採摘方式與運輸條件，皆是影響到後續的製茶階段的調整及茶葉（乾）的品質。臺灣在 200 多

年的茶葉產製經驗中，逐步摸索及累積出一條專屬於臺灣茶的獨特茶香與滋味。檢視臺灣的風土人文，加上臺灣獨特的茶樹品種、栽培環境、田間管理、製茶技術及市場行銷等，完全不同於全世界的茶產區，是融合傳統及創新出一種新的特色茶產區。

　　臺灣雖地處亞熱帶，但國內從 3 千多公尺的高山到海邊，具備了溫帶及熱帶氣候，對於茶樹是很好的生長環境，也是孕育品種（系）最佳的地方。茶業改良場積極提升田間管理技術及推廣茶農採用，在適栽品種及栽培技術改良與精進之下，使得單位面積產量大幅提高，每公頃茶葉（乾）年產量可達 1,000 公斤以上。臺灣茶既使有受消費者及廣大市場的喜愛，但卻因需求量大增及真正國產茶的成本較高，導致進口茶的混充或假冒，在標示不明的情況下，嚴重傷害消費者及生產者的權益。茶業改良場運用茶葉中多重元素分析技術，已可準確鑑別是否為境外茶，這些是科技上運用於產業的實例，確保消費者知的權利及生產者辛苦努力的收益，對產業上有實質助益。

　　臺灣茶面臨著人、土地、資源及產業鏈等挑戰，尤其是極端氣候異常的頻率增加與從農人力的高齡化，未來以科技來提升茶產業的升級是具急迫性及必要性。茶業改良場秉持著「本土化、科技化、國際化」精神，愈本土化就是展現自有的獨特性、區隔性及差異性，也就愈有國際性；並且不僅在茶園田間管理必須導入智慧化及機械採茶，未來更在製茶過程將以科技化及量化導入智能化製茶，確保前瞻布局的領先趨勢。臺灣茶產業將以智慧循環農業及多元茶飲產品為發展目標，確保臺灣茶產品的高品質及數量穩定，供應國內消費者具保健且安全安心的茶產品，為永續經營的目標邁進。

七、參考文獻

1. 行政院農業委員會茶業改良場。2018。「2018 臺灣茶產業研發論壇」重要結論。茶業專訊 106:1-3。

2. 行政院農業委員會農糧署。2020。農業統計年報資料。

3. 阮逸明。2003。臺茶發展史略。茶作栽培技術。pp.1-5。行政院農業委員會茶業改良場。

4. 邱垂豐。2004。臺茶 18 號（別名：紅玉）簡介。茶情雙月刊 28: 1。

5. 黃泉源。1954。茶樹栽培學。臺灣省農林廳茶業傳習所。

6. 黃膽鋒。2001。手採茶園未來機械化作業之推展。臺茶研究發展與推廣研討會專刊。pp.38-43。行政院農業委員會茶業改良場。

7. 臺灣區製茶工業同業公會。2004。臺灣茶葉的轉變與另類茶業的興衰。臺灣區製茶工業同業公會成立五十週年慶專輯─臺灣製茶工業五十年來的發展。pp.39-46。臺灣區製茶工業同業公會。

8. 劉建村。1994。臺灣茶園面積調查報告。臺灣省政府農林廳。

02

臺灣茶樹起源

文圖／胡智益、邱垂豐

一、前言

　　臺灣茶樹之源考，根據史書記載，18世紀初臺灣中南部山區已有高大茶樹存在，今在部分山區中依然可見，唯其無論在外觀上製茶上，與目前所栽培者均有顯著差異，特稱之為「原生山茶」。

　　臺灣茶樹的經濟栽培則可追溯到清嘉慶年間（1798～1820）由福建引入，臺灣通史載：「嘉慶時有柯朝者歸自福建，始以武夷之茶植於鰱魚坑，發育甚佳，既以茶子二斗播之，收成亦豐。」（連，1992）自此之後，經先人胼手胝足，茶漸發展為重要坡地經濟作物，產製名聞遐邇之烏龍茶及包種茶，獨步全球。

　　早期臺灣茶樹栽培皆為小葉種，1925年後，為因應國外需求，始自印度阿薩姆引進大葉種，種植於桃園市平鎮區與南投縣魚池鄉等地，所產茶菁最適製作紅茶。又當自印度與斯里蘭卡（錫蘭）習取製造紅茶技術後，臺灣紅茶生產大有改進，輸出日增，馳譽國際。

　　綜合上述，臺灣可供製茶的茶樹種原依據血緣關係，可分為3大類：臺灣原生山茶（*Camellia formosensis*）、栽培茶樹小葉種（*Camellia sinensis* var. *sinensis*）及大葉種（*Camellia sinensis* var. *assamica*），來源地各自不同，本篇就起源先後依序介紹。

二、臺灣原生山茶

　　臺灣之有茶，早於荷蘭據臺時期（1624～1662），荷人所寫《巴達維亞城日記》1645年3月之記事中載有「在臺灣也曾發現茶樹，但此似乎亦與土質有關」（郭，1970）。雖未載明發現之地點，但有專家認為其所指之茶樹無疑是指原生山茶（阮，2002），但也有專家認為這應不是指原生山茶（蕭和吳，2018）。

　　目前臺灣公認最確切的原生山茶文獻是根據《諸羅縣誌》（1717）記載：「水沙連內山茶甚夥，味別色綠如松蘿。」（周，1993）；另《臺海使槎錄・赤嵌筆談》（1724）載有「水沙連茶，在深山中。眾木蔽虧，霧露濛密，晨曦晚照，總不能及。色綠如松蘿，性極寒，療熱症最效。每年，通事於各番議明入山焙製」（臺灣省文獻委員會，1993）。《淡水廳誌》中亦載有「貓螺內山產茶，性極寒，蕃不

敢飲」。所謂貓螺內山是指今南投埔里與水里地區的深山；而水沙連是指埔里的五城往集集、水沙連一直到濁水溪上游蕃地的總稱。當時蕃界與平地隔絕，非經通事（理蕃官職）與之議妥，不得進入。由此觀之，臺灣先民早已利用原（野）生山茶焙製茶葉販售飲用或藥用（阮，2002）。

　　然而，臺灣 2 百餘年來茶樹栽培及茶葉製造之發展，與上述原（野）生茶並無關連，茶園所植之茶樹品種更與原（野）生茶樹無直接親緣之關係，直至日治時期（1925 年起）由南投縣魚池鄉司馬鞍山蒐集之原生山茶種子，之後至各山區持續引進原生山茶，繁殖作為育種材料，經過長時間的育種，終於至 1999 年 6 月命名的臺茶 18 號（母本為緬甸大葉種，父本為臺灣原生山茶）（邱，2004），及 2019 年 6 月命名的臺茶 24 號（由臺東永康原生山茶天然族群所選育）與臺灣原生山茶才有密切的關係（余等，2019）。

　　臺灣原生山茶亦稱為「臺灣山茶」、「臺灣野生山茶」及「臺灣野生茶樹」（蕭和吳，2018），原生分布於臺灣中部、南部及東部山區，海拔高度 650 ～ 1,800 公尺，行政區域包括南投縣、嘉義縣、高雄市、屏東縣及臺東縣。臺灣原生山茶為臺灣特有種植物，其學名為 *Camellia formosensis*，與栽培茶樹（*Camellia sinensis*）在植物分類上，為同屬不同物種的植物（Su et al., 2009）。臺灣原生山茶的型態上與栽培茶樹的大葉種相似，但嫩芽茸毛的有無，可作為兩個物種的分類依據（Su et al., 2007）。早期臺灣原生山茶由芽色分為兩大類型：臺灣原生山茶（茶芽呈綠色或淡紫色）及赤芽山茶（茶芽呈紫紅色）（阮，2013；史等，1972），但兩者的葉形、葉尖及葉基形狀、芽色（王等，1990）及葉片主脈型態具有顯著差異，經植物分類學家認定，赤芽山茶並非臺灣原生山茶，而是屬於垢果山茶（*Camellia furfuracea*）（Su, 2007）。

　　由此可知，不管以《巴達維亞城日記》1645 年 3 月或以 1717 年《諸羅縣誌》記載的文史作為臺灣原生山茶的依據，皆已有 300 多年歷史。由於原生山茶生長勢強，茶芽呈狹長形，產量高，抗旱強，抗病害強等特性（圖 2-1），除了可應用作為育種材料外，部分茶區（如南投魚池茶區、高雄六龜茶區、臺東鹿野等茶區）以實生苗、扦插苗方式零星種植或以野外採集方式收穫，並製作綠茶、烏龍茶及紅茶等茶類（蕭和吳，2018）。

圖 2-1　臺灣原生山茶自然生長狀態（上圖）、經人工栽培之植株（左下圖）及茶芽（右下圖）。

三、小葉種茶樹引進

（一）適製部分發酵茶的品種起源

　　臺灣現今供製造包種茶、烏龍茶等優良地方品種大部分係由中國所引進，其中柯朝於嘉慶年間（1796～1820）引進武夷種子種植於鰈魚坑（今新北市瑞芳地區），為臺灣北部植茶之始。另根據 1910 年編印的《深坑廳統計書》指出清嘉慶 15 年（1810），福建安溪人井連侯傳入茶苗種植於深坑區土庫村，茶樹生長良好，迅速在文山茶區發展（陳，2006）。1866 年英國約翰・杜德為推廣茶業，從福建泉州

府安溪縣大量引進茶種與茶苗，並積極推廣使茶樹成為臺灣北部最重要的經濟作物（徐，2011）。1895 年，張迺妙由福建安溪引進鐵觀音茶苗，在臺北木柵樟湖山種植成功，相傳為木柵鐵觀音之起源（張迺妙茶師紀念館，2020），使木柵成為鐵觀音茶最早且最重要的產區。

臺灣中部的植茶紀錄，相傳清咸豐乙卯年（1855），林鳳池氏自福建引入青心烏龍種茶苗，種植於南投縣凍頂山，相傳為凍頂烏龍茶之起源（阮，2002），但此說法受到不同學者質疑，並說明凍頂烏龍茶應為北臺灣所引入（馬等人，2018）。

此外，在臺灣南部亦有植茶紀錄。根據《恆春縣誌》記載：「光緒元年，知縣周有基購茶，令民試種；……其茶味甚清，色紅。十餘年來，未能推而廣之；每年所產，不過數十斤。……港口茶：距縣東二十里，地臨海，產茶亦不多，色、香、味三者與羅佛茶相似。」說明在清光緒元年（1875），恆春知縣周有基鼓勵種茶，自福建引進武夷種子播種，為臺灣南部植茶之始（阮，2013；臺灣區製茶同業公會，2004）。另清光緒 2 年（1876），臺灣兵備道夏獻倫由淡水及福建崇安與福寧購入大批茶樹種子，在臺南府（今臺南市）所轄區域城外丘陵地（今臺南市永康區）試種，但因風土不宜植茶，製茶品質低劣，遂中斷推廣（臺灣省茶業改良場，1996）。

臺灣花東茶區應是最晚發展的茶區，到了第二次世界大戰末期，日本政府為提升殖民地區人民士氣，故規劃從新竹北埔、竹東與峨眉地區客家人移民至花蓮瑞穗，原先規劃種植咖啡，因成本效益改種茶樹。先有黃阿添先生引進青心烏龍、大葉烏龍、武夷等小葉種試種成功，開創花東茶區植茶契機；後有杜雪卿於 1945 年引進大葉種茶苗到鶴岡茶區試種，希望發展紅茶外銷，唯因資金不足，將茶園交由土地銀行接管，並發展著名的「鶴岡紅茶」（瑞穗鄉公所，2007）。

日治時期持續引進小葉種品種，其中早期可說全是福建省產的茶樹品種，日治中期後有從中國中部引進的品種。1903 年，設立平鎮茶樹栽培試驗場，當時臺灣茶葉之出口以烏龍茶及包種茶為大宗，在既有品種及雜交試驗子代中選拔，至 1918 年篩選出 4 大名種，包括青心烏龍、大葉烏龍、青心大冇、硬枝紅心（張，2019），開始獎勵茶農栽種 4 大名種。根據《臺灣茶業調查書》的記載，1929 年時，4 大名種已占全臺栽植面積的 48.1 %，又以青心烏龍占最大宗奠定臺灣烏龍茶與包種茶無可取代的地位。除此之外，4 大名種也利用成為雜交或育種親本，成為臺灣

最重要品種來源，育成品種包括臺茶 1 號、2 號、6 號、11 號、12 號、13 號、19 號、20 號及 22 號等。

（二）適製小葉種紅茶的品種起源

臺灣之茶樹栽培約 200 多年前，先民自中國福建引進茶樹種植，先開始製造烏龍茶、包種茶，之後再產製紅茶。清同治光緒年間（1870 年代），由福建傳入工夫紅茶加工技術，以小葉種茶樹品種，開始產製紅茶，但品質不突出，缺乏國際競爭力（徐，2011）。光緒 15 年（1889），臺灣巡撫劉銘傳自印度阿薩姆區招聘專門技師來臺，以臺灣原料（小葉種茶樹品種），指導印度紅茶製法，但業者仍偏愛中國式工夫紅茶而未獲農民支持（徐，2011；臺灣省茶業改良場，1996；徐，1995）。

日治時期初期，為發展臺灣紅茶產業，於 1903 年設立安平鎮製茶試驗場（今茶業改良場）研究改良小葉種紅茶機械化製茶技術（阮，2013），1910 年更名為安平鎮茶樹栽培試驗場（阮，2002），1921 年改名為平鎮茶業試驗支所（吳，1998）， 1906 年開始生產，其原料來自於大溪郡龍潭庄、新竹郡、竹東郡、竹南郡等茶區種植的小葉種—黃柑（圖 2-2）為主（徐，2011）。1908 年開始打開臺灣紅茶的國際市場，輸出土耳其與俄國（許，2005）， 1910 年成立專營紅茶的「日本臺灣茶株式會社」（張，2010）； 1918 年，該社被「臺灣拓殖製茶株式會社」整併，同樣製造紅茶，但因技術欠佳，出口量不多（許，2005）。 1927 年後，臺灣紅茶多由「三井合名會社」生產，將位於海山郡三峽大豹、苗栗郡三叉、大溪郡角板山等烏龍茶工廠改造，添加紅茶機器，使用品種為青心烏龍及青心大冇製造小葉種紅茶（徐，1995），並以「日東紅茶」為品牌，順利銷往世界各地（張，2019）。

日治時期後期，為製作高香型紅茶，自中國及印度引進適製紅茶的小葉種品種。1936 年，臺北帝大山本亮教授前往中國考察茶業，於 1938 年將安徽省祁門縣栽種之茶樹所收集種子寄至魚池紅茶試驗支所，隨即進行播種；1941 年，新竹州農會篙科氏自中國湖南省引進茶樹種子；同年，讚井自臺北州林口茶業傳習所帶回引進自印度的大吉嶺種子至魚池紅茶試驗支所種植。這些品種成為魚池紅茶試驗支所供為往後紅茶育種之材料，以祁門種為例，育成品種包括臺茶 21 號及 23 號。

（三）適製綠茶的品種起源

臺灣綠茶發展較晚，日治時期，以內銷為主；臺灣光復初期，以外銷為主，僅少量國內銷售。

在內銷綠茶部分，日治初期（1904），於苗栗廳農會三叉河支會舉辦綠茶製造講習會，為臺灣製造綠茶的開始，唯日本政府不鼓勵在臺灣生產綠茶，故僅在臺北淡水街林口及新竹三叉河等少量製作綠茶供應臺灣內銷市場（吳，1998）。民國38年（1949），大批從中國撤退來臺的定居人士中，來自於江蘇與浙江兩省特別鍾愛龍井綠茶及碧螺春綠茶，因此，在新北市三峽區也找到適合的綠茶品種（推測為青心柑仔），並成功仿製中國龍井及碧螺春（炒菁綠茶）製法製茶（臺灣區製茶工業同業公會，2004）。

在外銷綠茶部分，臺灣綠茶產業在光復後，由外國洋行開拓市場，而後由國內業者接手經營，並達到外銷高峰。1948年，英國協和洋行引進中國炒菁綠茶（眉茶、珠茶）製法，並於桃園與新竹等地設立製茶廠。隔年，成功打開北非市場；1952年，臺灣綠茶出口量激增數倍，達6,150公噸，超越其他茶類。1959年，因其他國家進入北非市場，出口受阻，洋行退出臺茶貿易，由國內業者接手洋行自行經營；1963年，臺灣綠茶出口量又達6,270公噸，占臺茶外銷總量的50％（陳，2004）。1965年，引進蒸菁綠茶（煎茶）機械與技術，並外銷日本；至1973年外銷量達12,000公噸，煎茶工廠達120家，為臺灣煎茶外銷日本的黃金年代（許，2005）。

臺灣由於綠茶發展較晚，其綠茶品種演進也較晚。臺灣光復初期（1949），栽植的品種仍以青心烏龍最廣，但因政府鼓勵製作綠茶與紅茶外銷，開始改推具廣適製性的品種——青心大冇（適製綠茶、紅茶、烏龍茶等）。到了1953年，青心大冇的栽植面積已超過青心烏龍，成為當時最大品種（吳，2007）。另一方面，政府也積極引進綠茶品種及篩選廣適製性品種，如1964年，茶業改良場徐英祥先生從日本引進藪北種（蒸菁綠茶品種）試種（陳，1995）；另民國58年（1969年）推出的臺茶1號～4號及民國64年（1975）推出的9號～11號等，均是以小葉種與大葉種雜交而成的廣適製性品種。

▌ 圖 2-2 適製紅茶的小葉種—黃柑。

四、大葉種茶樹引進

　　臺灣大葉種茶樹之種植歷史尚短，其發展始於 1925 年 12 月，為了迎合國際市場喜愛大葉種紅茶的趨勢，自印度阿薩姆茶區引進 Jaipuri、Manipuri、Kyang（圖 2-3）等大葉種品系茶樹種子，於 1926 年 1 月播種在平鎮茶業試驗支所及中央研究所蓮華池試驗支所，於 1928 ～ 1930 年在同地建立母樹園，至 1936 年成立中央研究所魚池紅茶試驗支所以後，再度以人工移植至魚池紅茶試驗支所茶園（圖 2-4），之後陸續亦自國外引進 Assam Indigenous（1933 年殖產局引進）（徐，1995）、Shan（1937 年東邦紅茶公司郭少三先生自泰國引進種子，其中部分贈送給魚池紅茶試驗支所）（圖 2-3）、Burma（1939 年日東農林株式會社自緬甸引進茶子，在三義茶場播種繁殖成苗後， 1940 年寄贈魚池紅茶試驗支所種植），種植於魚池紅茶試驗支所供為往後紅茶育種之材料，相關育成品種包括臺茶 1 號、9 號、14 號、15 號、16 號、17 號及 21 號（父本、祖父本或祖母本為 Kyang）、2 號、10 號及 11 號（父本為 Jaipuri）、3 號及 4 號（父本為 Manipuri）、7 號（Shan 單株選拔）、8 號（Jaipuri 單株選拔）、18 號及 25 號（母本為 Burma）。

▌　圖 2-3　Jaipuri、Kyang 及 Shan 大葉種植株。

▌　圖 2-4　茶業改良場魚池分場保存的紅茶品種系種原庫。

五、結語

　　臺灣現階段以生產部分發酵茶類（包括條形包種茶、球形烏龍茶及東方美人茶等）為主，紅茶及綠茶為輔。由於不同茶類各有不同的適製品種，因此，培育出多樣性的茶樹品種。截至目前為止，由各地引進之品種，加上從民間所引進之茶樹實生系中選出之地方品種，總計有 100 多種。這些品種中，比較著名的是日治時期「平

鎮茶業試驗支所」進行選種，1918 年選出之 4 大名種，即青心烏龍、青心大冇、大葉烏龍、硬枝紅心。除此之外，本場歷年來進行茶樹育種工作，至 110 年（2021）止，共命名 25 個新品種，分別命名爲臺茶 1 號至 25 號，這些茶樹品種皆爲臺灣茶業的重要資產。爲了維持臺灣茶業的永續發展，保護臺灣現有的茶樹種質資源，並持續培育茶樹新品種，將可維持臺灣茶業的競爭力。

六、參考文獻

1. 王兩全、馮鑑淮、林木連、陳右人、何信鳳、邱再發。1990。臺灣野生茶種種原保存與利用 II。七十九年自然文化景觀報告第 025 號。

2. 史楎、陳永盛、楊宗國、石振原、廖增祿。1972。臺灣野生茶之調查。臺灣農業季刊 11(2): 37-43。

3. 阮逸明。2002。臺茶發展史略。茶作栽培技術修訂版。pp. 1-5。行政院農業委員會茶業改良場。

4. 阮逸明。2013。茶產業論壇。樂活茶緣。 pp. 58-115。五行圖書出版有限公司。

5. 余錦安、鄭混元、羅士凱、蕭建興、胡智益、楊美珠、林金池、吳聲舜、邱垂豐。2019。2019 年度命名茶樹新品種臺茶 24 號試驗報告。臺灣茶業研究彙報 38:11-28。

6. 吳振鐸。1998。臺灣茶業產銷之回顧。茶學拾遺集。pp. 1-9。科學農業社。

7. 吳淑娟。2007。戰後臺灣茶業的發展與變遷。中央大學歷史研究所碩士論文。

8. 邱垂豐。2004。臺茶 18 號（別名：紅玉）簡介。茶情雙月刊 28:1。

9. 周鍾瑄（原著）。1993。諸羅縣志。臺灣省文獻委員會。

10. 馬有成、陳志昌、王俊昌、莊天賜。2018。茶鄉知道：南投縣茶業發展史。南投縣文化局。

11. 徐英祥（譯）（讚井元原著）。2011。日治時期之臺灣茶樹育種。行政院農業委員會茶業改良場。

12. 徐英祥（譯）（渡邊傳右衛門 1940 ～ 1943 原著）。1995。臺灣之阿薩姆茶樹的栽培與製造。臺灣日據時期茶業文獻譯集。pp. 101-154。臺灣省茶業改良場。

13. 連橫。1992。臺灣通史。臺灣省文獻會。

14. 陳右人。2006。臺灣茶樹育種。植物種苗 8(2): 1-20。

15. 許賢瑤。2005。臺灣包種茶論集。樂學出版社。

16. 陳右人。1995。茶樹品種與育種介紹。茶作技術推廣手冊－茶作篇。pp. 7-14。臺灣省茶業改良場。

17. 陳慈玉。2004。台北縣茶業發展史。稻鄉出版社。

18. 張忠正。2010。日治時期臺灣茶業發展。德霖學報 24:1-20。

19. 張崑振。2019。三井合名會社與製茶工廠。臺灣學通訊 112:18-19。

20. 張迺妙茶師紀念館。2020。認識張迺妙茶師（網站資料）。

21. 郭輝。1970。巴達維亞城日記。臺灣省文獻委員會。

22. 瑞穗鄉公所。2007。瑞穗鄉志。花蓮縣瑞穗鄉公所。

23. 臺灣區製茶工業同業公會。2004。臺灣製茶工業五十年來的發展。臺灣區製茶工業同業公會。

24. 臺灣省文獻委員會（黃叔璥原著）。1996。臺海使槎錄。赤嵌筆談 · 卷三 · 物產。臺灣省文獻委員會。

25. 臺灣省茶業改良場。1996。臺灣茶之起源。臺灣省茶業改良場場誌。pp. 3-4。臺灣省茶業改良場。

26. 蕭孟衿、吳聲舜。2018。臺灣山茶的發現、調查、分類學釐清與資源利用現況。臺灣茶業研究彙報 37:1-12。

27. Su, M. H. 2007. Taxonomic Study of *Camellia formosensis* (Masamune et Suzuki) M. H. Su, C. F. Hsieh et C. H. Tsou (Theaceae), in Institute of Ecology and Evolutionary Biology. National Taiwan University (in Chinese with English abstract).

28. Su, M.H., Hsieh, C.F. and Tsou., C.H. 2009. The confirmation of *Camellia formosensis* (Theaceae) as an independent species based on DNA equence analyses. Bot. Stud. 50(4):477-485.

29. Su, M.H., Tsou, C.H. and Hsieh, C.F. 2007. Morphological comparisons of Taiwan native wild tea plant (*Camellia sinensis* (L.) O. Kuntze forma *formosensis* Kitamura) and two closely related taxa using numerical methods. Taiwania 52(1):70-83.

03

茶樹栽培環境

文圖／邱垂豐、蘇彥碩

一、前言

　　茶樹為多年生葉用作物，定植後可維持數十年經濟生產，茶樹之生育不論發芽、生長、開花及結實等，無不受地勢、氣候與土壤等外圍因素之影響，此等影響茶樹生長一切之外圍因素，稱為自然環境。因此，對於新墾或更新茶園之經營，自然環境與茶樹之栽培固然重要，然如何利用及控制環境，更為從事茶業人員，所不可忽略。

二、地勢

（一）茶產地之高低

　　茶樹之生育環境其適應性甚強，原無嚴格之限制或選擇，唯高品質茶葉（包種茶、烏龍茶）皆產自高海拔茶區，乃為不爭之事實。其所以高山茶園所產製之茶葉較平地茶園為優，其原因為：

1. 茶樹生長於高海拔，終年浸潤於雲霧瀰漫中，日照稍遲，氣壓較低，霧露由濃而漸薄，日光由弱而漸強，茶樹葉片行光合作用可循序漸進，故茶芽能保持其柔嫩狀態，而且促成茶葉中芬芳物質增多，故其茶湯醇厚而不苦澀，滋味芳香而雋永。低海拔或平地茶園，因受日光照射時間較長，光合作用強盛，蒸發量較多，茶葉易纖維硬化，且滋味較苦澀，故茶葉品質不及高海拔茶區。

2. 高山排水良好，不若低海拔或平地茶園之易於淤積，且四周通風良好，可減少病蟲害之侵襲，故茶樹生育健全，茶菁不易纖維硬化，茶芽葉片較厚且重，所製成之茶葉，茶湯滋味甘甜且濃稠。因此，臺灣及世界各產茶國家，均以產茶地海拔之高低，為茶葉品質優劣及價格高低之參考標準。

3. 陽光中之紫外線，一般照射到高山較低地或平地茶園為多，茶樹生常發育受此光線照射之影響，可增加葉中化學成分含量，故得以提高茶葉香氣及茶湯水色與濃稠度。

（二）茶園之坡度

土壤係由岩石風化而成，其表面原少絕對之平滑，因受外力之風吹雨打，形成傾斜不平，傾斜之坡度愈大，每經大雨，沖刷之力量愈增。一般坡度係指一坵塊土地之平均傾斜比，以百分比（%）表示之，其分級如下（行政院農業委員會水土保持局，2005）：

1. 一級坡：坡度 5 % 以下。
2. 二級坡：坡度超過 5 % 至 15 %。
3. 三級坡：坡度超過 15 % 至 30 %。
4. 四級坡：坡度超過 30 % 至 40 %。
5. 五級坡：坡度超過 40 % 至 55 %。
6. 六級坡：坡度超過 55 %。

一般茶園可耕地之傾斜程度大多在一～三級坡以內。但適於機械耕作者，需在一級坡（坡度 5 % 以下）以下，超過二級坡（坡度超過 5 % 至 15 %）時，較大農機具運用困難。旱地則以一級坡平斜爲最良，若利用四級坡（坡度超過 30 % 至 40 %）作茶園時，需築成階段。南投縣及嘉義茶區大部分爲 30 度以上之坡地，沖刷甚爲普遍，則土壤肥力容易流失，茶樹不易生長，成爲最嚴重之問題，故高山傾斜地開闢茶園，最先宜改良坡度，以防止沖刷。

地面坡度直接影響到水土流失程度，排灌設施，機械耕作條件及梯田修築難易等，一般以三級坡爲坡地開墾的限制坡度。茶地開墾可分爲直行種植、等高種植茶園的開墾及平臺階段種植茶園開墾三種類型。直行種植茶園坡度約在一級坡以下（圖 3-1），等高種植茶園坡度約在二級坡以下（圖 3-2）。設計建立兩種茶園的地段或地塊，開墾時要先做好地面的一般清理與墊平工作。平臺階段種植茶園坡度約在三級坡以上的開墾，茶行開墾設計爲平臺階段種植的地段或地塊，皆應開墾建立正式的水平平臺階段種茶（圖 3-3）。平臺階段種植茶樹，每一行的梯面寬度應在 2 公尺左右，種植茶樹雙行應在 3.5 公尺左右，依此類推，在可能條件下，梯面應盡量做寬，以便田間管理和機械操作。爲了平臺階段的牢固，梯壁不宜太高，一般應控制在 1.5 公尺以下（黃，1954）。

圖 3-1　平地直行植茶樹。

圖 3-2　等高種植茶樹。

圖 3-3　平臺階段種植茶樹。

（三）茶園之方向

　　自古茶園選擇之方向有此一說：「茶地南向為佳，向陰遂劣，故一山之中，美惡相懸。」此言茶樹種植之方向貴於南向。茶園南向之優點，一為避免猛烈北風之摧殘，二為得以充分接受日光之照射，向陽之地，茶樹生長勢旺盛，枝幹茂密，茶欉龐大（圖3-4）；向陰坡地之茶樹則較遜（黃，1954；謝，1980）。

　　依一般而言，茶行（園）以向南或東南為主，且以向陽為宜，因茶樹種於山坡地，要能符合此 3 項之條件者甚少，故以開闢茶園，無須過於苛刻要求，可因地制

宜而利用之。若方向與上述條件違背者，可以人力改造，如向北之茶園，可栽種防風林遮蔽，則無異於向南者。如向陽日照強烈之茶園，可栽植庇蔭樹，以調節氣候，且可防止夏季強烈日光照射，所引起日燒病，並避免蒸散作用過甚，引起茶芽葉之纖維硬化（圖 3-5）。

圖 3-4　茶行（園）之方向以南北向為佳。

圖 3-5　向陽日照強烈之茶園，可栽植庇蔭樹，以調節氣候。

三、氣候

　　茶樹屬常綠闊葉之作物（植物），稍帶陰性，故喜潮溼溫暖之氣候，若以緯度而論，自南緯 33 度至北緯 43 度之間，雖均可種植，然在北緯 38 度之溫帶（低溫）地方，茶樹生長困難，甚至不能發育；但在南緯 30 度之熱帶地方，茶樹發育旺盛，產量亦豐。另在極寒或極熱之氣候，生產之茶葉品質欠佳，均非所宜。

　　茶樹對於溫度之適宜性，視不同之品種而異。小葉種之茶樹其茶葉小而厚，較能抗旱或耐寒，亦能於潮溼酷熱之地，旺盛生長。大葉種之茶樹其茶葉薄而大，能生長於熱而溼之氣候環境，但較不適於冷而乾之氣候（黃，1954；鄭等，1988；謝，1980）。

（一）氣溫

　　臺灣位於季風氣候範圍內，北部地區經常帶來冬季降雨，1 月平均氣溫介於 15 ～ 21 ℃；在合歡山、玉山及雪山等山區地帶則仍然會有降雪的機會。每年 5 ～ 9

月是臺灣的夏秋季,夏季前期受西南季風帶來潮溼溫暖的氣流影響,之後則受亞熱帶高壓影響,是為熱帶海洋氣團所控制,每日氣溫經常可達 27 ～ 35 ℃,且溼度亦高;7 月的平均氣溫高達到 28 ℃以上。

氣溫為影響茶樹生育重要因子,茶樹適應溫度之幅度甚大,小葉種之抗寒性較大葉種強;一般茶樹理想生長適宜溫度為 16 ～ 22 ℃,且一年之中無過冷或過熱者。

茶樹臨界溫度為 45 ℃,如一年中最高溫有達 40 ℃以上者,茶樹則停止生育,一般氣溫 > 30 ℃,茶樹新梢生長緩慢或停止;氣溫 > 35 ℃茶樹新梢即枯萎與落葉;日均溫 > 30 ℃、最高溫 > 35 ℃,且相對溼度(RH)< 60 %、土壤含水量 < 35 %,茶樹生長受到抑制,持續 8 ～ 10 天,茶樹將受害(圖 3-6)。

圖 3-6　高溫及缺水造成茶樹受損傷。

溫度較高區域,茶樹生長雖旺盛,產量豐富,茶菁易纖維化,品質欠佳,茶湯滋味強但缺乏韻味。反之,溫度較低或日夜溫差較大之區域,雖茶芽伸長緩慢,唯品質優良,故在熱帶地方以海拔高處寒冷地之茶葉品質最佳。

當最低溫達 0 ℃以下之氣候,茶樹將生長發育不良,若冬季有冷風吹襲或霜雪地區,則茶樹(芽)危害更加劇烈(圖 3-7),因此,高海拔若有霜雪危害地區,還是不宜種植茶樹。一般茶樹發生低溫傷害種類有下列:

1. 寒害(chilling injury):使葉片轉成黃褐色乾枯狀。
2. 霜害:茶芽受到霜凍之影響,造成茶芽焦黑褐變,成葉褐化,枝條枯萎現象。
3. 凍害(freezing injury):長時間處於 0 ℃以下的低溫,會導致葉片赤枯情形發生,甚至造成茶樹樹幹枝條樹皮裂開。

圖 3-7　茶樹受到霜雪敷蓋（左）、茶芽受到霜雪危害造成茶芽焦黑褐變（中）、茶樹受到凍害造成樹幹枝條樹皮裂開或枯死（右）。

（二）雨量（水分）

　　降雨量的多寡是臺灣地區多雲潮溼的指標，臺灣每年的降雨水量相當大，平均年降雨量為 2,515 公釐，是世界平均雨量的 3 倍之多，但是伴隨著季節、位置、標高的不同，降雨量亦隨之變化。臺灣北部地區年雨量分布較為平均；中南部受高山阻礙等因素，冬季缺雨，夏季受颱風影響而多雨，因此，南部乾溼季分明；東部地區夏季易受颱風影響多雨，秋冬季高溫乾旱缺雨。

　　雨量與溼度，均為茶樹生長上不可缺乏之要素，故世界產茶區域，多係溫度潮溼之地，此地帶之氣候，乃受季風帶來之豐富溼氣，而降雨量亦受之影響。

　　雨量亦為決定茶樹生長盛衰的主要因素，長期乾旱或年降雨量少於 1,500 公釐的地區，其葉片水勢降到臨界萎凋後，徵狀即迅速演變，一兩天內即發生枝枯現象，葉片枯死由上部向下發展，終至地上部全枯死，故雨量不足或缺水地區，均不適於茶樹的經濟栽培（圖 3-8）。年降雨量在 1,800 ～ 3,000 公釐，且年中雨量分布均勻之地區較適於茶樹生長。

▌ 圖 3-8　雨量不足或缺水導致茶樹植株枯死。

　　茶樹整株含水量一般占全株重量的 60 % 左右，嫩芽葉、根尖、幼苗等生命活動旺盛部位含水量達 80 % 以上；採收之茶菁的含水量一般為 70 ～ 80 %。例如茶樹生產 1 公斤的茶菁需要耗水 1,000 ～ 1,200 公斤，甚至更多。此外，根從土壤吸收無機鹽類，地上部葉片行光合作用所製造的有機物，都要溶解在水裡，才能在莖的輸導細胞內運輸至其他部位，可見水是茶樹生命活動不可或缺的要素（黃，1954）。

　　一般春季生育旺盛，夏季蒸發（散）量多，均需要多雨，每年中降雨量若能集中於每季茶葉大量採摘之前，在製茶期間少雨而曇陰，則更有利於製茶工作，且能提高成茶品質。

（三）溼度

　　茶樹性喜溼潤，向江河流域之茶園，因霧氣較重，茶葉品質佳（黃，1954；謝，1980）。現今世界著名茶區多為近湖岸或沿江河，霧氣濃重，其溼度常呈飽和狀態，如南投縣魚池鄉日月潭紅茶區（貓囒山紅茶），因近鄰日月潭其水氣及霧氣較重，並可調節氣溫，其紅茶品質一年四季均較其他紅茶產區為佳，因此，茶園以向水面為佳。

　　一般溼度在 75 ～ 80 %，不僅有利於茶樹生長，且能提高茶葉品質。有些地區雖年雨量較少，但朝晚有雲霧籠罩（圖 3-9），溼度經常保持在 80 % 左右，亦頗適於種茶。但長期溼度過高，易造成松蘿、蘚苔類或附生植物的寄生，對茶樹反而有害，不但影響生長，亦易罹病害（圖 3-10）。

圖 3-9　茶園朝晚雲霧籠罩。

圖 3-10　溼度過高，易造成蘚苔類或附
生植物寄生。

（四）日光

　　茶樹利用陽光進行光合作用，是提供茶樹物質和能量的來源，供茶樹生命活動的需要，不斷生產和累積有機物質（糖、澱粉、蛋白質、有機酸、脂肪等），決定茶葉品質優劣的一些物質。

　　茶樹為葉用作物，日光照射之強弱，日照時數之長短，影響茶樹生育之遲速，葉片色澤濃淡及化學成分含量多寡，對茶葉品質之優劣，均有密切之關係（圖3-11）。日照時間長，光度強時，茶樹生長迅速，生育健全，不易罹病蟲害（黃，

1954；謝，1980），且茶中多元酚類含量增加，適於製造紅茶，例如夏茶或六月白（第二次夏茶）之茶菁製造紅茶，其紅茶品質相當好；反之，茶樹加以適當覆蔽，抑制茶葉纖維組織之發達，可使茶葉薄不易硬化，葉色富光澤，葉綠素含量高，多元酚類含量減少，適製綠茶，例如日本「抹茶」。

　　日照長短對於茶樹生長之反應極大，如日照時間不足，光度弱，即茶樹新枝伸展緩慢，葉薄而長，縐縮不平，葉色濃綠油潤，葉身柔軟，萌芽減少，抑制生長，且易罹患病蟲害（圖 3-12、3-13）。

▋　圖 3-11　日照充足的茶園。

▋　圖 3-12　日照不足的茶園。

▋　圖 3-13　日照充足的茶菁（左），日照不足的茶菁（右）。

（五）風

　　臺灣夏季盛行之季風為西南季風，冬季則為東北季風，有時亦會受到氣團位置而改變風向，例如夏季 8 月太平洋高氣壓受所吹的東南風，秋季乾燥而涼爽的東北風，冬季常為東北季風或冷氣團。

　　風與茶樹之生長，由於地面上溫度高低，造成空氣中氣壓不同，高氣壓向低氣壓流動，而生成風；因風吹動方向不同，而決定降雨時間多寡，故風雨與茶樹栽培之關係，較之降雨量尤大。

　　緩和之風（微風）為 3 級，風速 3.4 ～ 5.4 公尺／秒：能促進葉面之蒸發，以助體中養分之運行，增加空氣流動，以助葉面呼吸，搖動枝幹則各部組織因之堅強，抵抗力增加。暴風（颱風）為 8 級以上，風速達 17.2 公尺／秒以上，強風阻礙茶芽發育，茶樹葉片破損，造成茶菁產量減少與茶葉品質亦差。一般臺灣北部地區秋冬季常有強風，故較不適宜種植大葉種茶樹（黃，1954；謝，1980）。

　　焚風常見於花東地區，指夏季當颱風通過臺灣北部時，或發生強勁的西南風時，在花東縣境內從縱谷沿線偏北之池上、關山，往南至鹿野、卑南及臺東市，海線則從北邊之成功至靠南之大武地區，常出現的乾燥熱風，即稱為「焚風」。

　　焚風形成的原因是氣流受到高山阻擋，而在迎風面冷卻成雲團降雨，在翻過山嶺後，則變成乾燥空氣，受到壓縮而增溫，形成乾熱風，並容易造成農業上的損害。一般焚風在白晝 1 小時內相對溼度遽降 10 ％，氣溫遽升 1 ℃以上及夜晚溼度低，溫度高者，往往造成茶芽葉緣、葉尖及節間乾枯燒焦狀，茶芽生長也較緩慢（圖 3-14），甚至影響製茶品質（鄭，2002）。

▌　圖 3-14　焚風造茶芽乾枯燒焦。

四、茶園土壤選擇

　　茶園土壤之種類，有依機械之組織及腐質土含量而分、有依地質系統而分、有依土壤母岩而分、有依氣候土壤帶而分；各種分類法，頗為複雜，各有其長短，均不能認為完善。土壤如依其機械之組成及腐植質含量而分，可分為石礫土、砂土、砂壤土、壤土、植土、腐植質土等種。世界各產茶區之土壤，如依地質時代及母岩性質而言，有古生代至新生代，有火成岩、水成岩及變質岩等（黃，1954）。

　　土壤最大的功能，是支撐讓植物的根得以直立，並能供給植物所需的營養成分、水分及氧氣。土壤的物理性質（如通氣、排水、黏性等）提供茶樹舒適的生長環境。土壤的化學性質（如酸鹼度、肥力、有機物含量等）提供茶樹生長所需養分狀態。所以土壤是人類寶貴的資源，對茶樹而言，其根群生長於土壤中，吸收必要之礦物養分及水分以供枝葉之生長，特別是茶葉中的茶胺酸是在根部合成，然後轉移到葉部，形成茶葉甘味成分之一，顯示土壤對茶樹根部的生長與發育是何等的重要。一般良好的茶園土壤需具有下列要件：

（一）適當的土壤酸鹼度

　　茶園適當的土壤 pH 值在 4.0 ～ 5.5 之間，如此有適當的土壤鋁溶液濃度來促進茶樹之生長（圖 3-15）。茶樹是嫌鈣性作物，一般中性或鹼性土壤，會致使茶樹根系無法伸展，故均不適於茶樹生長（圖 3-16）。長期施用禽畜糞堆肥，有時會造成局部土壤 pH 值升高，導致茶樹生長在不適當之範圍，故須加以留意。

▌ 圖 3-15　適當茶園土壤屬於酸性，pH 值在 4.0 ～ 5.5。

▌ 圖 3-16　茶樹在土壤 pH 7 以上，根系無法伸展，茶樹生長發育很差。

（二）深厚的土壤

　　土壤之有效深度是指從土地表面至有礙植物根系伸展之土層深度，以公分表示，其分級如下（行政院農業委員會水土保持局，2005）：

1. 甚深層：超過 90 公分。
2. 深層：51 至 90 公分。
3. 淺層：20 至 50 公分。
4. 甚淺層：20 公分以下。

　　茶樹栽培盡量選用土層深厚的土壤，土質疏鬆，結構及排水良好，且氮、磷、鉀、鎂、鐵等植物養分及腐植質含量較高者，如此有利茶樹根系之發育，且茶樹可利用深層之水分，以避免久旱不雨時對茶樹造成旱害及影響製茶品質。一般而言深厚土層的標準在 1 公尺左右（圖 3-17）。

圖 3-17　茶園土層要深厚。

（三）土壤有機質

　　一般土壤有機質含量在 3 % 以上是屬於豐富的範圍，土壤有機質之礦化有提供茶樹養分的功能，特別是土壤的氮素在經過雨水之淋洗流失後，有機質之礦化能補充茶樹生長所需之氮源。

　　有機質亦是茶樹生長所需必要礦物元素的來源，並可以改良土壤的物理性與生物性，使茶樹之根能有良好的生長與發育環境。有機質含量豐富的土壤，保水及保

肥性亦較佳，有機茶園的選擇以富含有機質的土壤爲佳（圖 3-18）。

50公分

5公分

▎圖 3-18 土壤富含有機質。

（四）土壤重金屬含量

有機茶園土壤重金屬含量必須符合驗證合格的標準。一般施用禽畜糞有機質肥料雖然可補充有機質，但會提高土壤重金屬含量，尤其是施用豬或牛糞有機質肥料，需注意土壤鋅及銅含量之提高。

（五）土壤微生物

微生物是指一切肉眼看不到或看不清楚，因而需要藉助顯微鏡觀察的微小生物。微生物包括原核生物（如細菌）、眞核生物（如眞菌、藻類和原蟲）和無細胞生物（如病毒）3 類。一般良好茶園的土壤生物種類要豐富，包含溶磷菌、菌根菌、固氮菌等，能幫忙有機質的分解，所以土壤微生物是土壤生命的動源。

五、結語

茶樹爲多年生作物，主要以採摘嫩芽葉爲生產目的，一年採摘多次，茶菁原料品質的優劣對製茶品質影響相當大。在一般正常的條件下，質佳的茶菁所製成茶葉，滋味甘醇，香氣宜人；質差的茶菁任憑有再高的製茶技術亦難成佳品。好的茶

葉品質須由優質的茶菁所製成，而優質的茶菁必須要有良好的茶樹栽培環境，故對於新墾茶園之經營，必須要適地適種。

六、參考文獻

1. 行政院農業委員會水土保持局。2005。水土保持手冊。行政院農業委員會水土保持局和中華水土保持學會。

2. 黃泉源。1954。茶樹栽培學。臺灣省農林廳茶業傳習所。

3. 鄭正宏、甘子能、林義恆。1988。認識臺灣的烏龍茶。臺灣省農林廳茶業改良場文山分場。

4. 鄭混元。2002。焚風對茶樹生育影響及因應防災措施之研究。臺灣茶業研究彙報 21:11-32。

5. 謝和壽。1980。實用茶作學。國立中興大學教務處。

04

茶樹生長與發育

文圖／邱垂豐、劉千如

一、前言

　　茶樹是由根、莖、葉、花、果實和種子等器官構成，茶樹的生長與發育主要包含營養生長與生殖生長兩部分。根、莖、葉為營養器官，其功能在負責養分、水分的吸收、運轉、合成、代謝和貯藏；花、果實、種子為生殖器官，故其任務則在繁殖衍生後代。茶樹產量及品質的構成因營養生長則包含芽與枝葉、莖及根群的生長與發育；生殖生長包含小花蕾分化、形成、發育、開花及果實的生長與發育（王，2003）。

二、茶樹的營養生長

（一）根的生育

　　茶樹根系在土壤中的分布，依樹齡、品種、種植方式與密度、生態條件以及農業技術措施等而異。

　　一般茶樹根之構造包含表皮（epidermis）為根最外之一層細胞，由細胞外壁伸出根毛。皮層（cortex）介於表皮和中柱之間，由 6 ～ 7 層不規則而又疏鬆之柔膜組織所成。中柱（stele）在皮層之內，分成維管束鞘、維管束（韌皮部、木質部）。

　　茶樹之主根形體粗壯，棕色，尖端垂直，向下伸長，普通長 1 ～ 1.5 公尺，亦有長達 3 ～ 4 公尺者，鑽進土壤之力強，雖在石縫中，亦能伸入（圖 4-1），主根之功用在吸收地下水層之水分和養料，並可防止旱害（黃，1954）。當主根漸次長大，旁生側根，分散土中，由側根再分生細根，由細根再分生鬚根（吸收根）。一般鬚根多分布在地表下 5 ～ 45 公分（圖 4-2）。

圖 4-1　茶樹之主根形體粗壯，可達 1 ～ 2 公尺深。

圖 4-2　茶樹根輻寬超過 100 公分以上，鬚根分布在地表下 5 ～ 45 公分。

　　茶樹發根性之強弱，因品種特性而有不同，通常大葉種發根力強；小葉種發根力較弱。此外，茶苗繁殖方式不同，茶樹發根性之強弱亦有所差異，一般茶樹種子繁殖者有明顯主根，側根少（圖 4-3）。壓條法繁殖者，無主根，分側根多，因在其扭傷（切斷）部分，直接生長多數側根。扦插繁殖者，自插穗下方接近地面部分生長側根，無主根（圖 4-4）。

圖 4-3　種子繁殖有明顯主根，側根少。

圖 4-4　扦插繁殖在接近地面部長側根，並無明顯主根。

　　根系的水平分布範圍（主要指吸收根）往往與樹冠幅度相同。茶樹根系的生長

有向水、向肥和向阻力最小的方向伸長的特性，但忌淹水或排水不良，故有時根系幅度不一定與樹冠幅度相對稱。

除茶樹本身的生長特性外，影響茶樹根系生長的外在因子，首推爲土壤條件，包括土壤厚度、通氣性、排水性、保水性及土壤酸鹼值等。所以在茶苗定植前最好先做適當深度的翻犁，尤爲水田轉作前必須先打破硬盤層，以免根系向下生長受阻，使植株生育減弱；成木後則每年淺耕或中耕1次，必要時隔年隔行深耕1次（謝，1980）。

茶樹喜愛 pH 4.0 ～ 5.5 的酸性土壤，過酸或近中性的土壤均不利於根系生長，若過酸可適量的施用白雲石粉。若土壤過於貧瘠，應加強肥培管理或在行間栽植綠肥作物，以增加土壤有機質。此外，亦可自行製作或施用政府審查核可的有機質肥料。

至於影響茶樹根系分布的因子，除品種外，土層的深淺、土壤地下水位的高低、地形、中耕、覆蓋、灌溉、施肥、甚至種植深度都有相當關係。例如茶苗種植過深，易造成雙層根而演變成淺根系；種植較淺時，根群易受乾旱等逆境影響，兩者均不利於茶樹的生長發育（王等，2001；吳，1963；邱，2005）。

（二）莖的生育

茶樹屬多年生木本植物，原生或野生者，多爲小喬木或喬木，高可達 5 ～ 10 公尺以上（圖4-5）。一般栽培者若爲大葉種，如阿薩姆茶樹多爲小喬木（圖4-6），若不修剪，樹高可達3公尺以上。栽培者若爲小葉種，如青心烏龍、臺茶12號茶樹，多爲灌木叢生（圖4-7），若不修剪，樹高亦可達3公尺以上。

一般茶樹莖之構造包含表皮爲最外之一層細胞所組成，細胞呈長方形，排列緊密。皮層介於表皮和中柱之間。中柱在皮層之內，分成維管束鞘、維管束（韌皮部、形成層、木質部）及髓（黃，1954）。

實生苗之莖爲種子之胚芽（plumule）發育而成。無性繁殖苗（壓條苗或扦插苗）莖爲枝條發育而成。大葉種屬小喬木或喬木者，主莖（幹）較長，離地 0.5 ～ 1 公尺處分枝。小葉種樹幹不明顯，屬灌木者，主莖相當短，僅離地數公分處分枝，莖幹大小僅數公分（王，2001；邱，2005）。

圖 4-5　原生山茶高度可達 5 ～ 10 公尺以上。

圖 4-6　大葉種茶樹為小喬木。

圖 4-7　小葉種茶樹為灌木叢生。

（三）葉的生育

葉是茶樹重要的營養器官，它主要是利用陽光進行光合作用，製造各種有機物質，把光能轉化為化學能（生物能），是提供茶樹物質和能量的來源，供茶樹生命活動的需要，不斷生產和累積有機物質（糖、澱粉、蛋白質、有機酸、脂肪等），決定茶葉品質優劣的一些物質。此外，它同時還具有蒸散作用、吸收養分、貯藏營養及無性繁殖等多方面的功能（黃，1954；謝，1980）。

茶業改良場初步建立利用葉芽乾重的增加量與在生長期間茶樹葉芽的總日照度來計算葉片乾重的增加相對於日照度的比例，研究發現根據葉片乾重的增加相對於日照度最高的比例而言，對茶樹的葉芽生長最適合的氣溫為 21 ～ 23 ℃。其比例會隨著氣溫高於 25 ℃或是低於 19 ℃而相對降低，這代表著茶樹葉芽的低日照度使用效率（radiation use efficiency）。茶樹不同品種（青心烏龍及臺茶 12 號）對於日照轉換成茶芽重量的效率在不同溫度下變化趨勢是一致的，而不同地區造成的差異是因為各地區的溫度以及日照量不同所致。

茶樹之葉片其著生之狀態，為每節著生一葉，是由葉肉及葉柄組成（圖4-8），無托葉，葉片為互生（圖4-9），常綠，葉序多為二列式，具羽狀網脈及鋸齒。

茶樹葉片之形狀有橢圓形、披針形、卵形、或倒披針形等，先端及基部或銳或鈍，葉面光滑，葉背幼嫩時具茸毛，成長後脫落，葉色暗綠色，平滑堅韌，葉片長度約 3 ～ 30 公分。

1. **茶樹葉片可依葉之老嫩，著生部位及形狀可分爲（黃，1954；謝，1980）**

    ⑴魚葉：俗稱腳葉，托葉。日本稱爲胎葉，斯里蘭卡稱魚葉。其特徵爲形特小，邊緣平滑，無鋸齒，先端鈍，色較淡。

    ⑵嫩葉：爲當年新梢所生之葉，質柔軟，可以製茶，背面有短柔毛，葉片爲黃綠、綠或紫紅等顏色，因品種而有所差異。

    ⑶老葉：亦稱成熟葉，葉片爲黃綠、綠或深綠等顏色，葉片纖維化且硬化，故無法採摘製茶。

    ⑷對口葉（駐芽；開面葉）（圖4-10）：亦稱對夾葉。兩葉相對，成展開狀態。此種對開茶葉，在臺灣稱爲開面或對開葉。當茶樹衰弱時，即於葉梢常發生此葉，宜立即停止採摘，使之休養、灌漑或施肥料，以促進其抽發新梢。

葉片正面含有蠟質

葉肉

葉柄

圖4-8　茶樹葉片正面（左）背面（右）。

圖 4-9 茶樹每節著生一葉,葉片為互生。

圖 4-10 對口葉(駐芽;開面葉)。

2. 茶樹之葉形可分為(圖 4-11)

⑴披針形:成葉長／寬比 > 3.0,近葉片 1/2 處最寬,再向兩端漸狹。

⑵長橢圓形:成葉長／寬比 2.6 至 3.0,兩側邊緣略平行。

⑶橢圓形:成葉長／寬比 2.1 ～ 2.5,但兩側邊緣不平行而呈弧形,基部與先端略相等。

⑷圓形:成葉長／寬比小於或等於 2.0,中部以下較寬。

圖 4-11 茶樹之葉形(由左至右為披針形、長橢圓形、橢圓形、圓形)。

3. **茶樹葉片之先端（葉尖）可分為（圖 4-12）**

⑴銳形：葉緣筆直凸起，頂角小於 90 度。

⑵漸尖形：葉頂尖銳，葉尖兩側葉緣明顯下凹，尖部或長或短。

⑶鈍形：葉緣凸起，形成一個大於 90 度的夾角。

圖 4-12　茶樹葉片之先端形狀（由左至右為銳形、漸尖形、鈍形）。

4. **茶樹葉片之基部可分為（圖 4-13）**

⑴楔形：中部以下向基部兩邊漸變狹，形如楔子。

⑵漸尖形：介於楔形及圓形之間。

⑶圓形：如圓之弧。

圖 4-13　茶樹葉片之基部（由左至右為楔形、漸尖形、圓形）。

5. 茶樹葉片邊緣之形狀

葉緣基部，全緣，上部呈小鋸齒狀，疏密，鈍銳與排列狀態等，隨品種而異，其數目約為 18～24 對，數目之多寡與葉之長度呈正比例（圖 4-14）。

鋸齒

▍ 圖 4-14 茶樹葉片邊緣之形狀（鋸齒狀）。

6. 茶樹葉片之大小（圖 4-15）

因品種、氣候及部位等不同而不同，茶葉之長短：大致可分為圓形葉、長形葉、細形葉 3 種。其計算方法乃以葉之長與寬之比率，為計算標準。假設葉片之長度為 6 公分，寬度為 2.5 公分，其葉之長為寬之 2.4 倍，成為長形葉（黃，1954）。

▍ 圖 4-15 茶樹葉片之大小（由左至右為細形葉、長形葉、圓形葉）。

⑴細形葉：長比寬在 3 倍以上者。

⑵長形葉：長比寬在 2 至 3 倍者。

⑶圓形葉：長比寬在 2 倍以下者。

7. 茶樹葉片之葉脈（圖4-16）

葉為羽狀網脈，主脈比較明顯，側脈 5 ～ 14 對，印度種（系）之側脈常多為 10 ～ 15 對，故大葉種茶樹之茶葉葉脈較小葉種多。主脈與側脈所成之角度，隨品種而異，通常在 40 度 ～ 80 度之間。角度之大小，亦為茶樹品種鑑定方法之一種。

側脈

主脈

主脈與側脈之角度

▌圖 4-16　茶樹葉片之葉脈（左為小葉種；右為大葉種）。

8. 茶樹葉片之色澤（圖4-17）

茶芽葉片之顏色可分為黃白、黃綠、淡綠、綠、紫綠、紫、深紫及其他等。皆以茶芽為對象，茶芽指春茶茶芽一心二葉期之第二葉展開時，調查第二葉色澤。茶芽之色澤，因品種，氣候，土質等而有不同，隨著葉片的成熟其色澤會漸漸轉為綠色。

黃白色	黃綠色	淡綠色	綠色
綠紫色	紫綠色	紫色	深紫色

▋ 圖 4-17　茶樹葉片之色澤。

（四）芽的生育

　　茶芽乃葉之初生體，伸長之後而成枝葉。茶芽被鱗片包覆越多（圖 4-18），至翌年 2 或 3 月時隨氣溫之升高，芽逐漸膨大，鱗片隨即脫落，尖牙顯露。經數日，繼續膨大，鱗狀之魚葉與芽分離，但心芽常為魚葉所包被，如此再經 2 ～ 3 日魚葉即展開，約經 5 ～ 7 日再開一葉，此後心芽乃再伸長，約每隔 5 ～ 7 日張開一葉，茶芽伸長至一心四至六葉時，即可供採摘（圖 4-19）（黃，1954；王，2001；邱，2005）。

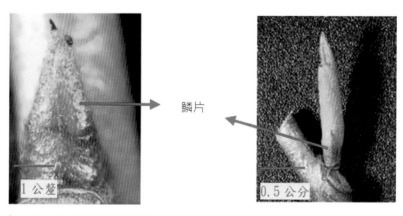

鱗片

▋ 圖4-18　茶芽被鱗片包覆。

圖4-19　茶芽生長發育情形。

茶樹生長具有多輪性，每年均能抽發多次新梢，依氣候環境及栽培管理等之不同，在臺灣茶樹一年可抽 3 ～ 7 次梢，然後生長發育成枝條。此外，茶樹具有頂芽優勢，通常頂芽存在下，腋芽生育會受到抑制，無法萌芽。

茶樹的芽可分為 4 大類，新梢前端的芽，稱為頂芽；葉柄基部的芽，稱為腋芽（圖4-20）；無葉老枝的芽，稱為潛伏芽；樹幹偶發或被動萌出的芽，稱為不定芽。除不定芽外，所有的芽均是由芽點所分化而來。

圖 4-20　茶樹之頂芽（左）及腋芽（右）。

　　一般茶樹冬季修剪過後的休眠芽，僅包含兩枚鱗片與 2～3 枚葉原體；當鱗片裂開，芽體露白，此時通常葉原體數已快速增加為 6 枚。展葉初期，每展開一枚新葉，包緊的芽體內即形成 1 枚未展新葉，兩者初期雖以等速分化，但隨後未展葉的分化速度逐漸減緩，終致形成開面（對口芽）。一般當腋芽鱗片裂開，芽體露白（萌芽），心芽及嫩葉背面即有茸毛，茸毛長度約 500～700 μm，茸毛顏色為白色，芽葉成熟後即脫落；此外，臺灣原生山茶及臺茶 24 號（山蘊）心芽及嫩葉背面幾乎無茸毛（圖 4-21）。

▌　圖 4-21　小葉種茶樹（左）心芽及嫩葉背面有茸毛，臺灣原生山茶則無茸毛（右）。

　　臺灣一年四季春、夏、秋、冬分明，季節間會受到日照長短、光照強度、溫度、雨量及溼度等因素，造成芽葉生長速度的不同，一般春季展開一枚葉片約需 5～7 日；夏、秋季約 4～5 日；冬季則約 5～7 日，又稱為春、夏、秋、冬茶，當然亦可依此特性來作為預估採收期（王等，2001）之參考。此外，中低海拔茶區，如花蓮縣、臺東縣、南投縣名間鄉及竹山鎮茶區等，一年生產早春、春、夏、六月白（第二次夏茶）、秋、冬及冬片茶等 7 季茶；高海拔茶區，如臺中市和平區（梨山茶區）、南投縣仁愛鄉翠峰及翠巒茶區等，一年僅生產春、夏茶及冬茶等 3 季茶。

　　茶芽之伸長與氣溫及雨量之關係至為密切。茶芽生長的最低日平均氣溫為 10 ℃，隨溫度的升高而生長加快。一般日均溫 18～25 ℃，茶芽生長較旺，茶葉產量和品質都好。

　　茶芽萌發之早晚，因品種之不同而異，在春茶時，早生種與晚生種採摘期，相差約 2～3 星期（圖 4-22）。即同一品種，每年亦因氣候、樹齡、灌溉、肥培及栽

培管理等，其萌芽之遲早亦多少會發生差異。臺灣茶樹早生種如青心柑仔、四季春、臺茶 1、8、17、18、21 及 23 號等；中生種如青心大冇、臺茶 12、13、20 及 22 號等；晚生種如青心烏龍及鐵觀音等。

z圖 4-22　早生種（左）、中生種（中）、晚生種（右）。

　　茶芽之長度隨品種、氣候、土壤、施肥、灌溉修剪等栽培管理而異。茶芽之節間（即葉與葉之著生距離），每一季茶芽之節間有所差異，冬茶或冬片茶較短，夏茶或六月白較長。

三、茶樹的生殖生長

（一）花的生育

　　茶樹之花芽乃著生於當年生長之嫩枝條的頂端或各葉腋之間，屬於短軸總狀花序，雌雄同花之兩性花，異花授粉植物。茶樹每個腋芽均保持 3 個生長點，通常以中心的生長點發育成新芽，兩側的生長點多半發育成花蕾，故茶樹的腋芽是由花芽及葉芽所組成的複合芽（圖 4-23），此外，茶樹生長具有多輪性，每年均能抽發多次新梢，任何枝條均會著生花蕾及開花。一般茶樹的花蕾主要著生在當年生枝條每個葉腋之間或枝條停梢的頂芽部分（圖 4-24）（吳，1963；邱，2005；胡，1954）。

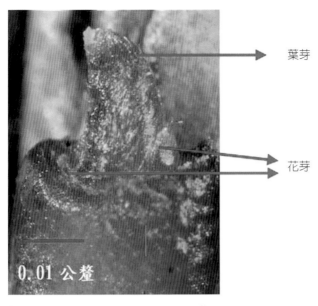

葉芽

花芽

0.01 公釐

▎ 圖 4-23　茶樹每個腋芽均保持 3 個生長
點，是由花芽及葉芽所組成的複合芽。

▎ 圖 4-24　茶樹花蕾著生部位（左：腋間部位；右：
條頂端部位）。

　　在臺灣低海拔茶區，茶樹花蕾之發育乃開始於春茶之末，亦即於 5 月上中旬，
當第一次夏茶萌發之際，花芽亦隨之開始抽發，花芽發生之初外包被褐色多毛之鱗
片，不久鱗片脫落，花蕾顯露如小珠，色綠，隨後花蕾逐漸長大（圖 4-25）。

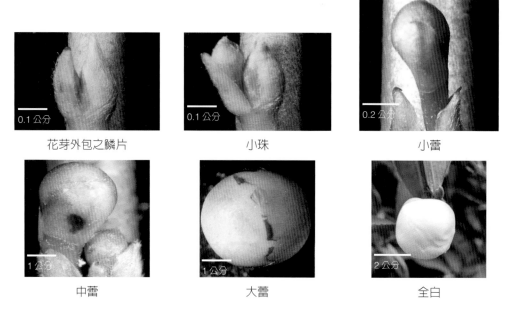

花芽外包之鱗片	小珠	小蕾
中蕾	大蕾	全白

圖 4-25　茶樹花芽生長發育情形。

　　茶樹花朵開放時間，一般從早上 5 ～ 6 時即開始開放，直至 7 至 8 時到達高開花峰期，9 時以後隨即逐漸下降，直至中午 12 時以後幾乎沒有再開花。至於花朵之壽命，花朵在開花後 24 小時，即逐漸萎凋；48 小時後花朵已枯萎；72 小時後花瓣幾乎已脫落，僅剩雌蕊與花托部分（圖 4-26），由此可知茶樹花朵的壽命是相當短暫（吳，1963；邱，2005；胡，1954）。

　　茶樹開花於秋冬季，茶花是由花柄、花萼、花冠、雄蕊和雌蕊 5 個部分組成。花柄彎曲懸垂，生於葉腋，長約 2 ～ 5 公分。花萼有 5 ～ 7 片，長約 2.5 ～ 5.5 公分，色淡綠或濃綠，成覆瓦狀疊合，幼時保護花蕾，花朵授精後向內閉合，保護子房，花謝不凋落而至果實成熟。花瓣生於萼片之內，有 5 ～ 7 個花瓣，成覆瓦狀排列，通常 3 個花瓣較大，其餘較小，長約 1 ～ 3 公分，花瓣顏色為黃白色或白色。花瓣之內為雄蕊，數目約 120 ～ 400 枚，隨品種而異，其基部癒合，分為 2 層，外層花絲密而多，花絲長而細，開花時平均長度約 1 公分；內層花絲分布於子房周圍，花絲較短（潘，1981；謝，1980）。雌蕊位置花朵中央，子房上位覆茸毛，但原生山茶並無茸毛，子房上位性，平均約 2 公分，子房呈卵形，子房 3 或 4 室。花柱平滑無毛，於上部約全長 3 分之 1 處分為 2 ～ 4 裂，一般以 3 裂為主，成熟時分泌白

色黏液，以便黏著花粉。花藥丁字形著生，縱裂；花粉粒貯存於花藥囊中，成熟時呈黃色（圖 4-27）（吳，1963；邱，2005；潘，1981；謝，1980）。

茶花全白

茶花盛開

雄蕊及花瓣萎凋

雄蕊及花瓣枯萎

雄蕊及花瓣脫落

圖 4-26　茶樹開花之過程。

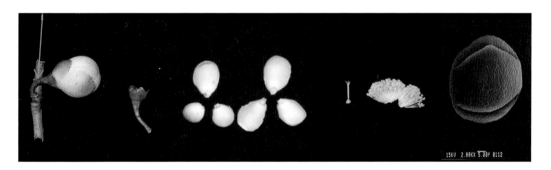

圖 4-27　茶樹花之形態。

茶樹開花數量多寡亦會受到氣候與生長環境及栽培管理措施等影響。

1. 氣候環境

光照、水分及溫度等與茶樹的開花有密切的關係。充足的水分、積溫高及長日照等均會增加根對氮素的吸收，促進茶樹枝葉營養生長，造成小花脫落。反之乾旱、低溫逆境或短日照等，會抑制枝葉生長，促進花蕾的發育。

茶園土層瘠薄或具有犁底層，當開墾園時未將犁底層打破，充分翻犁之茶園，地下排水不良，茶樹根群的吸收能力低，會減少新梢生長，促進花蕾的發育。

2. **栽培管理措施**

由於茶樹營養生長與生殖生長間存著明顯的競爭現象，故一旦發現茶樹容易開花結果時，表示茶園管理不當，茶樹植株開始衰老所致，應採取補救措施，以恢復樹勢及產量（王等，2001；吳1963）。

（二）果實及種子的生育

1. 果實

茶樹開花，雄蕊極度伸長，花藥內花粉囊破裂，散出花粉，由昆蟲媒介至雌蕊柱頭，藉黏液膠著滋養，花粉發出絲狀體，細胞核隨絲狀體通過花柱至子房，與雌性細胞核染色體混合，受精後 3 日胚珠滋長，子房漸漸膨大，子房壁內，漸成子實。翌年 3、4 月發育如碗豆大小，內有無色乳（漿）液，表皮呈綠色，7 月下旬，果皮呈淡綠白色，內部充滿乳汁；8 月中旬乳汁變成水晶體之黏膠狀物；漸變灰褐色。9 月前後，乳汁全部凝固，子葉與胚珠顯然形成，內果皮呈棕色薄膜，10 月下旬左右外殼半部變褐色，外殼呈棕黑色，種子呈黑褐色，即達充分成熟之象徵（圖4-28）。種子成熟即可採收，以供繁殖之用（邱，2005；黃，1954；謝，1980；劉，2009）。

開花

雄蕊及花瓣脫落

子房膨大成子實

大果

中果

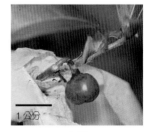
小果

圖 4-28　果實生長發育情形。

　　果實從開花至成熟約 300 多日，果實由子房壁而形成，分外中內三層，外果皮厚而呈黑褐色，中果皮稍薄而堅韌，內果皮為棕色薄膜。果實內含有種子 1 ～ 5 粒，其中以 3 粒居多（圖 4-29）。果實的形狀與種子多寡有關，1 粒者多為渾圓形；2 粒者多呈橢圓形；3 粒者呈三角形；4 粒者呈四角形。

2. **種子**

　　種子幼小時，內部充滿半透明膠狀汁液，成熟時呈乳白色，種皮內包子葉（2 片）與胚芽（圖 4-29）。子葉淡黃白色，含多量油分、澱粉、單寧及植物性蛋白質，無胚乳、胚直立、胚軸短。種子含有豐富油脂，如果沒有妥善保存，種子的壽命約半年的時間。

　　種子發芽必先獲得充分之水分、氧氣及溫度。最初之步驟，為吸收水分及分泌酵素，俾貯藏中之養料（澱粉及油脂等物質）得以融化，供幼苗營養之所需。當種子吸收水分後而膨脹，胚即逐漸生長，突破種皮而露出幼苗及原始根，此稱為茶籽發芽，長大之後則是實生苗（黃，1954）。

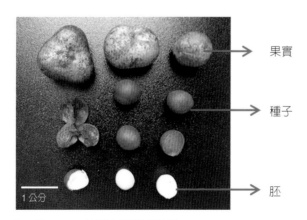

　　圖 4-29　茶樹之果實及種子。

四、結語

　　茶樹營養生長和生殖之間既相互連繫，亦相互制約。當營養生長旺盛時，植株體內養分大部分供給營養生長所需，生殖生長即相對受到抑制；反之，在某種條件下，茶樹花蕾或開花結實過多時，則嫩芽葉之營養生長就相當減少。由於兩者經常互相競爭養分，故茶農必須了解茶樹的生長與發育原理，進而改進栽培管理技術，以減少茶樹開花及結果量，增加茶菁產量與品質。

五、參考文獻

1. 王為一、廖慶樑、陳玄。2001。茶樹芽體分化與發育之觀察研究。中國園藝 47: 291-300。

2. 王為一。2003。茶樹生長與發育。茶作栽培技術。pp.39-54。行政院農業委員會茶業改良場。

3. 吳振鐸。1963。茶樹花部形態的研究。中華農學會報新 44: 34-52。

4. 邱垂豐。2005。茶樹開花之研究。國立中興大學農藝學藝系博士論文。

5. 胡家儉。1954。茶樹開花習性之觀察研究。茶葉研究論文集。pp. 102-128。平鎮茶業試驗所。

6. 黃泉源。1954。茶樹栽培學。臺灣省農林廳茶業傳習所。

7. 潘根生。1981。茶花結構形態特徵的初步觀察。茶葉 1: 13-16。

8. 謝和壽。1980。實用茶作學。國立中興大學教務處。

9. 劉熙。2009。茶樹生理與種植。五南出版社。

05

臺灣茶樹育種

文圖／胡智益、蘇宗振

一、前言

　　茶樹育種可說是臺灣茶產業發展的原動力。育種是指利用農業技術改良作物的遺傳特性，以育成利用價值較現有品種更高的栽培品種。新的育成品種，除了可面對嚴苛氣候變遷的鉅大影響外，另也可以創造更多的製茶風味，滿足喝茶一族的味蕾，帶領臺灣茶產業邁向另一波高峰。

二、茶樹的遺傳特性與品種發展

（一）茶樹學名及遺傳特性

　　茶樹的學名為 *Camellia sinensis*，主要可分為兩個變種，分別為小葉變種（var. *sinensis*）及大葉變種（var. *assamica*）；除此之外，臺灣也有可供製茶的特有種——臺灣原生山茶（*Camellia formosensis*）。茶樹的花為為兩性花（圖 5-1），基本染色體數為 15（x = 15），多數茶樹為二倍體（2 n = 2 x = 30），故均能開花結實；又茶樹為多年生異交作物，具有自交不親和性（吳和徐，1966），不適合選育為自交系（張，1998），需以人工或天然雜交方式獲得分離族群，以進行品種選育工作。

　　茶樹的育成品種需考慮雜種優勢，在雜交親本組合力較大的族群中，比較容易選出具雜種優勢的新品種，此新品種與兩親本比較，一般具有較高的生產力，製茶品質亦較佳，抗逆境的能力亦較強（吳和徐，1966）。不同的雜交親本是否能夠雜交成功與其雜交親和力有關，而雜交親和力與血緣親疏有關，血緣過於接近或疏遠，均會影響雜交成功率。

▌ 圖5-1 茶樹為兩性花，即雌蕊與雄蕊同花。

（二）種質資源與運用

種質或種原（germplasm）通常是作物改良利用的原始材料。茶樹種原的來源可包括育成品種、引進品種、地方品系、原生茶樹及近緣物種（胡，2004），統稱為茶樹種質資源（germplasm resource），又可稱為遺傳資源（genetic resource）或基因資源（gene resource），這些種質資源是育種工作的物質基礎，透過廣泛地調查、收集，及正確地研究、評估與利用，對於創造新品種具有決定性的意義。由於茶樹為多年生異交作物，若利用種子保存，會在下一個世代產生遺傳變異，故以無性繁殖方式保存種原。

作物新品種選育實際上是對作物種質資源中的基因進行選擇與組合，沒有作物種質資源，作物新品種選育就成了無米之炊，由此可見作物種質資源是作物育種及其相關學科的生命物質基礎。

（三）優良茶樹品種的特性

農作物具高產、優質、抗性（病蟲、逆境）是農作物育種永恆的目標，但在不同的社會發展階段，即便育種目標的重點明顯不同，但一定朝向高產、優質、多抗性等不同階段的育種目標轉變卻是必然趨勢；尤其是在現今氣候變遷加劇及注重環境友善耕作下，在強調優質的同時，也要重視產量的穩定性，是故抗（耐）病蟲害、抗逆境品種的選育和應用，可達減少或避免施用農藥，又可達到穩產的目的，是為必然選擇。此外，抗旱、耐寒育種，以應對日益枯竭的水資源和惡劣的環境，也受到高度重視；另外，基於市場需求的多樣化，育種目標也逐漸轉由消費市場需求導向為主。

（四）臺灣茶品種發展階段

臺灣茶樹品種的發展可分為幾個階段：

1. 茶樹種質資源發現及引進期：臺灣可供製茶的茶樹種原可分為原生山茶及栽培茶樹，原生山茶（*Camellia formosensis*）的發現與利用最早見於 18 世紀初期（1717）（周，1993）；而栽培茶樹（*Camellia sinensis*）則屬於引進種，其中適製綠茶及部分發酵茶的小葉變種（var. *sinensis*）於 18 世紀末期或 19 世紀初期（1796～1820）自中國引進（連，1992）；適製紅茶的大葉變種（var. *assamica*）發展於 20 世紀初期（1925 年 12 月）（徐，2011）。這些種質資源的發現與引進，可說是臺灣茶發展的先鋒。

2. 茶樹種質資源繁殖及利用期：臺灣正式植茶是引進小葉種的種子繁殖，但因種子繁殖的實生茶樹（蒔茶）會產生變異，生育不整齊，製茶品質亦不穩定，後續引進多為無性繁殖的壓條苗，而後因壓條苗量少且母樹易受損造成提早衰老，故民國 72 年（1983）起，改以更簡易的扦插法來保存及繁殖茶樹的種質資源（馮，1983）。此外，種質資源的利用與製造茶類有關，臺灣茶類的發展依序為烏龍茶、包種茶、紅茶及綠茶，而種質資源便朝向茶類而演進。

3. 茶樹品種育種期：臺灣茶樹品種改良可追溯至日治時期（1903）所設立的臺灣總督府安平鎮茶樹栽培場，由各地進行地方品種的種原蒐集與保存（以中國引進的小葉種為主）；自 1911 年開始訂定茶樹育種計畫，從天然雜交系統中選育優良品種；1916 年制訂人工雜交育種法；至 1918 年篩選出 4 大名種，包括青心烏龍、大葉烏龍、青心大冇、硬枝紅心（臺灣省茶業改良場，1996），4 大名種也利用成為育種親本，成為臺灣最重要品種來源。臺灣光復後，自 1948 年起，重新開展臺灣茶品種的選育（臺灣省茶業改良場，1996），分別以青心大冇、大葉烏龍、紅心大冇、硬枝紅心、黃柑及臺農系列品種為親本；至 50～70 年代（1961～1981）從其人工雜交和天然雜交後代中選育出臺茶系列 17 個新品種；近期更以臺茶 12 號、青心烏龍、祁門、緬甸大葉種、臺灣山茶等為親本，於民國 88～110 年（1999～2021）選育出臺茶 18 至 25 號，其中臺茶 24 號為臺灣原生山茶單株選拔而來（表 5-1）。

▼ 表 5-1　行政院農業委員會茶業改良場育成之茶樹品種

品種	商品名	品系名	母本	父本	雜交年	命名年	樹型	樹勢	適製性
臺茶 1 號		臺農 705 號	青心大冇	Kyang	1916	1969	橫張	極強	紅茶、眉茶（綠茶）、烏龍茶
臺茶 2 號		臺農 478 號	大葉烏龍	Jaipuri	1916	1969	橫張	強	紅茶、眉茶（綠茶）、烏龍茶
臺茶 3 號		臺農 609 號	紅心大冇	Manipuri	1916	1969	稍直立	強	紅茶、眉茶（綠茶）
臺茶 4 號		臺農 684 號	紅心大冇	Manipuri	1916	1969	稍直立	中	紅茶、眉茶（綠茶）
臺茶 5 號		臺農 105 號	福州系天然雜交種		1928	1973	橫張	中	烏龍茶、綠茶、包種茶
臺茶 6 號		臺農 121 號	青心烏龍系天然雜交種		1928	1973	稍直立	強	綠茶、紅茶、烏龍茶
臺茶 7 號		5118 號	Shan 單株選拔		1941	1973	橫張	極強	紅茶
臺茶 8 號		184 號	Jaipuri 單株選拔		1941	1973	直立	強	紅茶
臺茶 9 號		臺農 435 號	紅心大冇	Kyang	1947	1975	橫張	極強	綠茶、紅茶
臺茶 10 號		臺農 358 號	黃柑	Japuri	1947	1975	橫張	強	綠茶、紅茶
臺茶 11 號		311 號	大葉烏龍	Japuri	1947	1975	稍直立	強	綠茶、紅茶
臺茶 12 號	金萱	2027	臺農 8 號	硬枝紅心	1938	1981	橫張	強	烏龍茶、包種茶
臺茶 13 號	翠玉	2029	硬枝紅心	臺農 80 號	1938	1981	直立	中	烏龍茶、包種茶
臺茶 14 號	白文	72-145	臺農 983 號	白毛猴	1960	1983	橫張	中上	烏龍茶、包種茶
臺茶 15 號	白燕	72-215	臺農 983 號	白毛猴	1960	1983	橫張	中上	烏龍茶、白茶
臺茶 16 號	白鶴	72-283	臺農 335 號	臺農 1958 號	1960	1983	直立	強	龍井（綠茶）、包種花胚（包種茶）
臺茶 17 號	白鷺	72-322	臺農 335 號	臺農 1958 號	1960	1983	直立	強	烏龍茶、壽眉（白茶）
臺茶 18 號	紅玉	B-40-58	緬甸 Burma B-729	臺灣山茶 B-607	1946	1999	直立	強	紅茶
臺茶 19 號	碧玉	51-14	臺茶 12 號	青心烏龍	1962	2004	橫張	強	包種茶、烏龍茶
臺茶 20 號	迎香	51-67	2022 品系	青心烏龍	1962	2004	橫張	強	包種茶、烏龍茶
臺茶 21 號	紅韻	FKK-22	FKK-1 天然雜交種		1953	2008	直立	強	紅茶
臺茶 22 號	沁玉	TC6	臺茶 12 號	青心烏龍	1996	2014	橫張	強	包種茶、烏龍茶
臺茶 23 號	祁韻	祁辦 1	祁門系之天然雜交種		1938	2017	中間	強	紅茶
臺茶 24 號	山蘊	臺東永康 1 號	臺灣原生山茶永康變種		2001	2019	橫張	強	綠茶、紅茶
臺茶 25 號	紫韻	84-91-3-2	緬甸 Burma 天然雜交種		1992	2021	中間	強	綠茶、紅茶

註 1：製表日期：2022/04/22

註 2：臺農 8 號史料記載為青心烏龍系，但根據 DNA 譜系分析結果為黃柑系。

註 3：臺農 80 號為漢口系。

註 4：臺農 983 號（♀黃柑 x ♂ Kyang）。

註 5：臺農 335 號（♀大葉烏龍 x ♂ Kyang）

註 6：臺農 1958 號（♀臺農 20 號（漢口系）x ♂白毛猴）。

註 7：2022 品系（♀大葉烏龍 x ♂臺農 80 號）。

註 8：FKK-1（♀ Kyang x ♂祁門 Kimen）。

註 9：臺茶 19 、20 、22 、25 號具有品種權。

註 10：經 DNA 譜系分析結果，臺茶 23 號父本推測為大葉種，臺茶 25 號父本推測為臺茶 13 號。

註 11：本表之臺茶 1 號 ～ 17 號整理自臺灣省茶業改良場場誌、臺茶 18 號～ 25 號參考新品種報告書、臺灣茶業研究彙報。

註 12：適製性排序為原資料記載順序，而包種茶與烏龍茶定義可能與目前認知有差異，前者泛指發酵程度較輕的部分發酵茶類；後者泛指發酵程度較重的部分發酵茶類，詳情可視茶業改良場出版的製茶學；部分品種現今可製作多種茶類，詳情可視本書第 6 章。

三、茶樹的育種方法

茶樹為多年生異交作物，育成品種的育成方式主要可分成引種、天然族群選種、雜交育種及誘變育種等，目前臺灣的茶樹育種，主要利用天然族群選種及雜交育種（胡，2013），誘變育種仍在初步發展階段。

（一）引種

有兩種方式，一為引進自然界優良栽培品種、變種、近緣物種或野生種，利用其農園藝特性之優點，作為育種材料；一為收集國內外試驗改良場所現已育成的品種，直接供應種植或間接作為雜交親本材料。引進植物經過馴化（acclimatization）及一系列引種試驗，包括觀察試驗、品種比較試驗、區域試驗及栽培試驗後，即可成為適合之優良品種，例如南投縣生產馳名的阿薩姆紅茶即由印度引進。此種方法本身雖非育種，但具迅速而經濟特點，在考量通常茶樹育成一個優良品種需 20 年之久，應用此法可在短期內獲得改良實效。

（二）天然族群選種

天然族群選種是根據育種目標，由地方品系族群或原生茶樹族群中選育符合目標的優良單株，進行無性繁殖固定基因型，並進行品系比較試驗，育成新品種（梁

和陸，2010）。在日治時期，茶業改良場前身臺灣總督府安平鎮茶樹栽培試驗場由地方品系中，選育出青心烏龍、青心大冇、大葉烏龍及硬枝紅心等 4 大品種，並獎勵種植（徐，2011）；民國 108 年（2019）推出的臺茶 24 號爲臺灣原生山茶族群所選育的品種。

（三）雜交育種

雜交育種是運用經雜交後代中通過選拔而育成品種的方法，爲創造農作物新品種之重要方法。本法主要係選擇兩個品種或數個品種之優良性狀或遺傳基因，經過天然或人爲雜交授粉產生另一個新個體，進一步培育與選拔，直至獲得優良性狀穩定的新品種。雜交育種是藉由有性生殖世代的基因重組來創造遺傳變異，可綜合雙親的優良性狀後，透過基因重組合的方式，可產生雙親所沒有的新性狀，使後代獲得較大的遺傳改良。又大多數品種雜交後之雜種或組合體，往往生長力旺盛，抗病力強，產量品質較兩親本爲優之個體，稱爲雜種優勢（hybrid vigor）。雜交育種依茶樹授粉方式可分爲兩種：一爲天然雜交育種、另一爲人工雜交育種。

1. 天然雜交育種

天然雜交的程序是先選定優良品種作爲母本，父本的花粉藉由風及昆蟲等天然授粉的方式產生種子，並培育實生苗，再從中選拔優良的植株，進行單株選拔、品系比較試驗及區域試驗等工作，最後提出命名審查，成爲新品種。以天然雜交育種登記命名的品種，包括臺茶 5 號、6 號、23 號爲小葉變種之天然雜交品種；臺茶 7 號、8 號、21 號、25 號爲大葉變種之天然雜交品種。

2. 人工雜交育種

人工雜交的程序爲選定父母親本以人工授粉方式雜交產生種子，在 F1 後裔世代即爲分離世代，由 F1 雜交種子播種繁殖，再從中選拔優良的植株，進行單株選拔、品系比較試驗及區域試驗等工作，最後提出審查命名。以人工雜交育種登記命名的品種，包括臺茶 1 號 ~ 4 號，臺茶 9 號 ~ 20 號，及臺茶 22 號。

（四）誘變育種

誘變育種是以人爲方式藉由物理性、化學性及生物性因子誘導茶樹遺傳物質產生遺傳變異，並透過選種程序育成新品種。由於是藉由誘發基因突變、染色體結構、

數目與倍數性的變異和細胞質基因突變（陳，1980），因此，誘變育種有機會產生新的對偶基因（allele），以獲得雜交育種中無法獲得的性狀（Fehr, 1987）。

　　誘發突變的方法，可分為物理性誘變、化學性誘變及生物性誘變。所謂物理性誘變主要是以具有放射性物質來誘導突變，包括 x 射線、β 輻射線、γ 射線、中子及紫外線等物質；化學性誘變是利用化學物質，例如像 DNA 鹼基的類似物來誘導突變，常用之化學藥劑如 EMS（ethylmethane sulfonate）、秋水仙素等物質；生物性誘變是利用跳躍子（transposon）或 T-DNA 來誘導突變。目前茶樹的誘變育種中，使用最多的方法是物理性誘變，其次是化學性誘變（梁和陸，2010），而茶業改良場根據 ^{60}Co-γ 射線誘變試驗找到青心烏龍插穗的最佳輻射誘變劑量為 15 格雷（Gray, Gy），並已成功繁殖誘變茶苗（扦插一年存活率為 9.3 %），且出現少量外觀特殊及生長勢強的變異株（胡等，2022）。

四、茶樹的育種程序

　　植物育種的基本程序依序為：創造遺傳變異、選拔優良性狀、固定性狀及繁殖後裔。茶樹育種的程序需要先訂定育種目標，並根據育種目標選定適合的育種親本，接續透過各種方式（如引種、雜交、誘變等）創造遺傳變異，當取得具有遺傳變異的育種族群後，便可以從中根據育種目標選拔適合的單株與品系，以無性繁殖方式固定性狀，以大量繁殖具有穩定且相同性狀的後裔族群，最後申請命名或品種權，並推出給茶農種植。

　　茶樹育種按照茶業改良場的正常程序，從雜交或誘變至審查命名約需 22 年時間（行政院農業委員會茶業改良場，2020）（圖 5-2）。

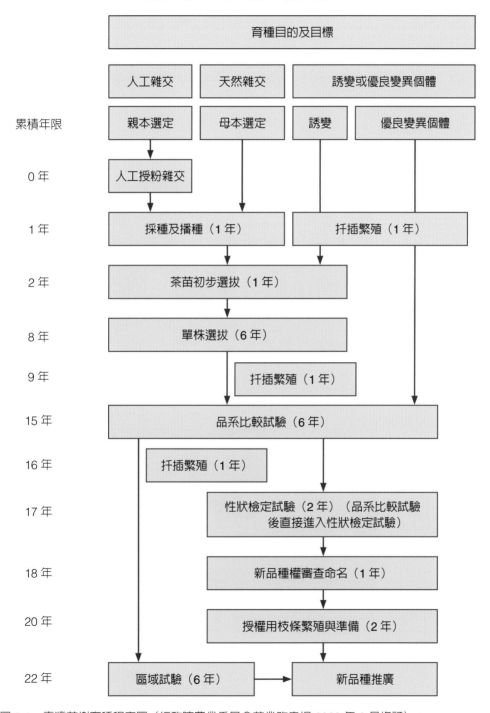

圖 5-2　臺灣茶樹育種程序圖（行政院農業委員會茶業改良場 2020 年 3 月修訂）。

（一）人工授粉雜交

茶樹開花一般於 10 ～ 12 月中下旬，授粉一般選擇在盛花期進行（圖 5-3），父本選擇白色飽滿之花苞於次日可開花者，套上蠟光紙袋綑緊，當花蕾完全開放時，將花瓣撥開，利用鑷子將花粉震落於黑色載玻片上，採集金黃色、具有芳香的成熟花粉；母本選擇含苞待放的花蕾，套上蠟光紙袋進行隔離，花朵於蕾白期未開放時，打開隔離紙袋，利用鑷子進行去雄，柱頭不可損傷，將花粉塗於母本花柱頭上，授粉後套紙袋綑緊掛牌（圖 5-4）。

圖 5-3　茶樹盛花期（左）、含苞待放的花苞（右）。

圖 5-4　茶樹雜交育種—套袋標示。

（二）茶苗初步選拔

當取得具有雜交後裔的茶樹種子或變異枝條後，利用穴植管、盆栽或假植袋進行繁殖，注意茶苗之培育。移植前先調查生長勢，淘汰弱勢茶苗後，定植於單株選

拔圃。

（三）單株選拔

1. 目的

單株選拔主要針對育種獲得的雜交後裔或變異個體進行評估，選拔符合育種目標的優良單株。

2. 田間種植

單株選拔圃除定植新的優良單株外，需增加種植親本及對照品種，種植行距 1.5 公尺以上，株距 1 公尺（株距要寬避免將來單株樹冠密接難以區別）。

3. 調查項目

幼木期全面調查所有單株萌芽期、芽色、茸毛密度、生長勢及同一組合之成活率，並進行初步篩選；定植 4 ～ 6 年，對於入選的單株，每年每季調查項目包括單株產量、適製性及感官品評等特性。

4. 扦插繁殖

對於可能獲選的優良單株於第 6 年之茶芽全年不採摘，留穗，秋季以枝條扦插，準備優良品系試驗茶苗，並調查扦插成活率等。

（四）品系比較試驗

1. 目的

品系比較試驗利用單株選拔獲得的優良單株，經過無性繁殖後，形成營養系，再與栽培品種在相同條件下進行比較評估試驗。

2. 田間設計

每個試驗品系加對照品種在田區需採用隨機排列方式，單行定植，每行 10 株，3 ～ 5 重複，行距 1.5 公尺以上，株距 0.5 公尺，區外可設置保護行。

3. 調查項目

幼木期調查萌芽期、芽色、茸毛密度、生長勢及同一品系成活率；定植 4 ～ 6 年，每年調查項目包括葉厚、百芽重、茶芽密度、產量、開花數、病蟲害抗性、耐逆境特性、茶芽化學成分（總兒茶素、咖啡因、可溶分、總游離胺基酸、茶胺酸、

總多元酚及其他目標成分等）、適製性及感官品評等特性。

4. **扦插繁殖**

對於可能入選優良品系於第 6 年試驗區，保留部分茶樹不摘採，留養枝條扦插育苗，準備區域試驗茶苗，調查扦插成活率等。

（五）區域試驗

1. 目的

區域試驗爲將新品系種植於本場暨各分場，並調查生育及病蟲害情形，以評估未來可推廣的區域。

2. 田間設計

當選的優良品系加對照品種在田區需採用隨機排列方式，單行定植，每行 10 株，3～5 重複，行距 1.5 公尺以上，株距 0.5 公尺，區外可設置保護行。

3 調查項目

調查項目與品系比較試驗相同。

（六）性狀檢定試驗及品種權申請

1. 目的

爲了保護植物品種之權利，促進品種改良，我國已制訂《植物品種及種苗法》，其規定新品種權需具備新穎性、可區別性、一致性、穩定性等要件，該要件需經過「植物品種審議委員會」審查，審查內容爲依據「茶樹新品種性狀試驗檢定方法」辦理。

2. 程序

茶樹新品種若要申請新品種權保護，需向行政院農業委員會農糧署申請，由農糧署召集植物品種審議委員會，經委員同意及確認對照品種後，進行爲期兩年性狀檢定試驗，由檢定機關（行政院農業委員會茶業改良場）作成檢定報告書後，提經審議委員會審定新品種可區別性、一致性及穩定性之認定，同意後始獲得新品種權。

五、茶樹的早期選拔

　　傳統茶樹育種的正常程序約需 22 年的時間，但實際年限可能更長，以臺茶 12 號爲例，源自於民國 27 年（1938）之人工雜交種子，經株行試驗、高級試驗及區域試驗等完整育種程序，直至民國 70 年（1981）正式命名，共歷經 44 年（徐和阮，1993）。由於人工雜交與實生苗培育僅需 2 年，品種命名僅需 1 年，而投注最長時間的程序是各階段的選拔工作。因此，若能在育種早期即評估雜交後裔的表現，並能藉由選拔過程，大量淘汰未具備目標性狀的後裔，是有效縮短育種年限的關鍵。目前茶業改良場刻正由歷年育成品種資料中，篩選農藝性狀及生化指標，期整合 2 項指標縮短育種年限的可能性（蘇等，2020）。

　　在茶樹的早期評估選拔上，概略分成外部形態指標、生化指標及分子標誌輔助選種等 3 類。

（一）外部形態指標

　　外部形態指標是指可直接利用目視或基礎量測工具觀察到茶樹的嫩芽、成熟葉、枝條、樹型等農藝性狀，進而判斷這些指標與育種目標的相關性。例如在育種早期欲篩選高產品種，通常會在幼木期調查生長勢、萌芽期、百芽重、茶芽密度等性狀，來預估茶樹最終產量。茶業改良場曾進行芽葉性狀與產量、製茶品質的關聯性研究，並說明葉長、節間長等與產量呈正相關，但葉長、葉寬、葉面積與部分發酵茶（包種茶及烏龍茶）香氣品質呈極顯著負相關，但與紅茶色澤品質呈正相關，葉厚則與香氣品質呈顯著正相關（馮和沈，1990；馮，1988）。

　　外部形態指標雖是最簡易的選拔方式，但部分性狀容易受到環境及栽培因素影響，因此，不易選拔某些低遺傳率的性狀。另外，如果需要篩選特定性狀，如抗旱品系，則需要營造乾旱環境，才可篩選出目標性狀。此外，製茶相關的品質性狀，需要等到 5 至 6 年生成木期後始得評估，以至於每次選拔評估都需要耗費時間、勞力與栽培空間。

（二）生化指標

　　生化指標是一種科學化指標，是指利用分析儀器測定茶葉中的化學成分，而這些化學成分包括揮發性氣體、可溶性成分等，與製茶品質息息相關。以可溶性成分

爲例，茶多酚、兒茶素類、咖啡因、游離胺基酸類、茶胺酸、糖類等，與茶湯的苦、
澀、甘、甜有直接關聯性；茶多酚與游離胺基酸類之比值（酚胺比）可作爲茶葉適
製性的指標，高酚胺比代表適製紅茶類；低酚胺比代表適製綠茶（程，1983）。臺
灣茶樹品種以臺茶 1 號 ～ 臺茶 17 號爲例，適製部分發酵茶類（包種茶、烏龍茶）
的品種（包括臺茶 5 號、12 號、13 號、16 號）等，其酚胺比爲 8.0 以下；適製紅
茶（包括臺茶 7 號、8 號）及含有紅茶的廣適製性的品種（包括臺茶 1 號 ～ 4 號、
6 號、9 號 ～ 11 號、14 號、15 號）等，其酚胺比爲 8.0 以上，另臺茶 17 號雖原文
獻未註明適製紅茶，但根據現有實際製茶經驗，仍屬於含有紅茶的廣適製性的品
種，故其酚胺比爲 8.0 以上（9.3）（表 5-2）（臺灣省茶業改良場，1996）。這項
指標可作爲後續茶葉適製性的重要參考。

▼ 表 5-2　臺茶 1 號至臺茶 25 號之茶多酚、游離胺基酸含量及酚胺比。

品種名稱	茶多酚（%）	胺基酸（%）	酚胺比[註3]	適製性
臺茶 1 號[註1]	22.84	2.38	9.6	紅茶、眉茶（綠茶）、烏龍茶
臺茶 2 號	21.78	2.20	9.9	紅茶、眉茶（綠茶）、烏龍茶
臺茶 3 號	24.86	2.58	9.6	紅茶、眉茶（綠茶）
臺茶 4 號	20.76	2.39	8.7	紅茶、眉茶（綠茶）
臺茶 5 號	19.01	2.83	6.7	綠茶、包種茶、烏龍茶
臺茶 6 號	20.69	2.34	8.8	綠茶、紅茶、烏龍茶
臺茶 7 號	18.88	1.81	10.4	紅茶
臺茶 8 號	23.94	2.67	9.0	紅茶
臺茶 9 號	24.26	2.65	9.2	綠茶、紅茶
臺茶 10 號	25.41	2.08	12.2	綠茶、紅茶
臺茶 11 號	23.31	2.62	8.9	紅茶、綠茶
臺茶 12 號	12.98（兒茶素）	1.89	6.9	包種茶、烏龍茶
臺茶 13 號	12.43（兒茶素）	2.71	4.6	包種茶、烏龍茶
臺茶 14 號	19.23	1.67	11.5	包種茶、烏龍茶、眉茶（綠茶）、紅茶
臺茶 15 號	18.9	1.52	12.4	烏龍茶、白茶、紅茶、包種茶
臺茶 16 號	18.69	2.64	7.1	龍井（綠茶）、包種花胚（包種茶）
臺茶 17 號	22.65	2.43	9.3	烏龍茶、壽眉茶（白茶）
臺茶 18 號[註2]	20.24	2.54	8.0	紅茶
臺茶 19 號	16.48	2.19	7.5	包種茶、烏龍茶
臺茶 20 號	16.55	1.73	9.6	包種茶、烏龍茶
臺茶 21 號	19.86	-	-	紅茶
臺茶 22 號	-[註4]	-	-	包種茶、烏龍茶

品種名稱	茶多酚（％）	胺基酸（％）	酚胺比[註3]	適製性
臺茶 23 號	17.33	1.27	13.7	紅茶
臺茶 24 號	14.68	2.41	6.1	綠茶、紅茶
臺茶 25 號	14.1	1.85	7.6	紅茶、綠茶

註 1：本表之臺茶 1 號 ～ 17 號整理臺灣省茶業改良場場誌、臺茶 18 號～ 25 號參考新品種報告書、
　　　臺灣茶業研究彙報。

註 2：不同時期分析技術方法可能不同，有的品種可能分析全年 3 個茶季的平均茶多酚與游離胺基酸
　　　含量，有的為單季平均含量（單位：％）。

註 3：酚胺比＝平均茶多酚 / 平均游離胺基酸。

註 4：－：無資料。

　　生化指標雖與製茶品質有關，但因分析儀器及藥品價格昂貴，且需要前處理，對於數量眾多的雜交後裔單株，需投入較多人力、經費與時間分析。為解決上述生化指標的缺點，近紅外光譜技術（near infrared spectroscopy, NIR）具有非破壞性分析、前處理簡單、即時分析、可同時分析多種化學成分等優點（陳和楊，2004），及已成功應用於茶葉成分分析（Zareef et al., 2018），使生化指標應用於茶葉育種上的可行性大為增加。

（三）分子標誌輔助選種

　　分子標誌輔助選種（Molecular Assisted Selection, MAS）是依據控制選拔性狀基因與遺傳標誌緊密連鎖之原理，或是遺傳標誌多型性來自相同基因之多效性作用（林和陳，2002）。由於分子標誌輔助選種並非直接選拔目標性狀的基因，而是選拔鄰近分子標誌，是一種間接選種的方式，其優點包括 DNA 不受季節、環境、生育期等影響；此方法所需的分析樣品極少，故幼木期僅需幾片葉片即可進行分析；可分析標誌眾多，多型性豐富，新型分子標誌以共顯性為主，可區別同質接合體與異質接合體（胡等，2013）。目前在茶樹上已成功利用分子標誌輔助選種的實例包括兒茶素、茶黃質及咖啡因含量選種、紅茶品質與耐旱基因選種（Koech et al., 2018; Jin et al., 2016; Ma et al., 2014）等。

　　茶樹育種的早期選拔可透過外表性狀的葉厚、萌芽期或其他性狀篩選，並結合快速化學成分分析技術及分子標誌輔助育種技術，將可早期淘汰不良單株，不但可減少育種階段所需投入的人力及土地資源，更能有效縮短育種時間，提高育種效率。

六、結語

茶樹為多年生無性繁殖作物，育種方式包括引種、天然族群選種、雜交育種及誘變育種等，育種年限若依據現行茶業改良場的正常程序，從雜交或誘變至審查命名約需 22 年時間，但實際品種的育成年限通常超過此程序，可說時程相當久遠，故每一個品種均相當珍貴，截至民國 110 年止，茶業改良場共育成 25 個品種，因不同時期需求不同而有不同品種育成。

茶業改良場因應茶產業面臨的諸多問題，如全球暖化造成氣候異常、國民健康飲食意識抬頭、進口茶低價競爭威脅、新品種流向其他國家、消費型態改變等，育種目標及方向將朝向抗環境逆境、具機能性保健成分、地方適種的新品種、育成適合冷 / 冰飲茶品種，後續品種也將利用早期選拔技術，以強化茶樹育種效率，並積極申請品種權，以有效保護新育成品種。

七、參考文獻

1. 行政院農業委員會茶業改良場。2020。茶樹育種程序。行政院農業委員會茶業改良場。

2. 林順福、陳成。2002。作物育種觀念與技術之發展。科學農業 50:110-121。

3. 吳振鐸、徐英祥。1966。茶樹雜種優勢之利用的研究。中華農學會報新 55:1-26。

4. 胡智益。2004。臺灣茶樹種原葉部性狀及 DNA 序列變異之探討。國立臺灣大學農藝學系碩士論文。

5. 胡智益。2013。茶樹品種分子鑑定技術之開發及遺傳圖譜之建構。國立臺灣大學農藝學研究所博士論文。

6. 胡智益、蔡右任、陳右人、林順福。2013。DNA 分子標誌應用在臺灣茶樹之現況與展望。第一屆茶葉學術研討會。行政院農業委員會茶業改良場。

7. 胡智益、劉千如、翁世豪、劉秋芳。2022。誘變育種技術於茶及飲料作物之研究與應用。110 年年報。行政院農業委員會茶業改良場。

8. 周鍾瑄。1993。諸羅縣志。臺灣省文獻委員會。

9. 徐英祥、阮逸明。1993。臺灣茶樹育種回顧。臺灣茶業研究彙報 12:1-17。

10. 徐英祥（譯）（讚井元原著）。2011。日治時期之臺灣茶樹育種。行政院農業委員會茶業改良場。

11. 連橫。1992。臺灣通史。臺灣省文獻會。

12. 程啓坤。1983。茶葉品種適製性的生化指標 – 酚氨比。中國茶葉 1:38。

13. 陳榮坤、楊純明。2004。簡介近紅外光譜儀在化學分析上的應用。農業試驗所技術服務 57:1-5。

14. 陳興炎。1980。茶樹遺傳變異與育種。茶樹育種學。pp.10-33。農業出版社。

15. 張清寬。1998。茶樹育種及種原蒐集利用。臺灣省茶業改良場改制三十週年（創立九十五年）紀念特刊。pp.1-13。臺灣省茶業改良場。

16. 馮鑑淮。1983。茶樹扦插育苗法。臺灣省茶業改良場。

17. 馮鑑淮。1988。茶樹育種提早選種指標的研究（Ⅰ）品種芽葉農藝性狀與產量及部分發酵茶品質的路徑分析。臺灣茶業研究彙報 7:79-90。

18. 馮鑑淮、沈明來。1990。茶樹育種提早選種指標的研究（Ⅱ）品種芽葉農藝性狀與產量及綠茶兼包種茶以及紅茶品質之關係。臺灣茶業研究彙報 9:7-20。

19. 梁月榮、陸建良。2010。茶樹育種發展。2009 ～ 2010 茶學學科發展報告。pp.40-46。中國科學技術出版社。

20. 臺灣省茶業改良場。1996。茶樹品種改良。臺灣省茶業改良場場誌。pp.138-164、310-313。臺灣省茶業改良場。

21. 蘇宗振、胡智益、楊美珠、蔡憲宗、賴正南。2020。茶樹早期育種指標之篩選。108 年年報。行政院農業委員會茶業改良場。

22. Fehr, W. R. 1987. Mutation breeding. Principles of Cultivar Development. pp. 287-303. Macmillan Publishing Company.

23. Jin, J. Q., Ma, C. L., Ma, J. Q., Liang, C., Yao, M. Z. 2016. Association mapping of caffeine content with TCS1 in tea plant and its related species. Plant Physiology and Biochemistry 105:251-259.

24. Koech, R. K., Malebe, P. M., Nyarukowa, C., Mose, R., Kamunya, S. M., Apostolides, Z. 2018. Identification of novel QTL for black tea quality traits and

drought tolerance in tea plants (*Camellia sinensis*). Tree Genetics and Genomes 14:9-9.

25. Ma, J. Q., Yao, M. Z., Ma, C. L., Wang, X. C., Jin, J. Q., Wang, X. M., Chen, L. 2014. Construction of a SSR-based genetic map and identification of QTLs for catechins content in tea plant (*Camellia sinensis*). PLoS ONE 9:e93131-e93131.

26. Zareef, M., Chen, Q., Ouyang, Q., Kutsanedzie, F. Y. H., Hassan, M. M., Annavaram, V., Wang, A. 2018. Prediction of amino acids, caffeine, theaflavins and water extract in black tea using FT-NIR spectroscopy coupled chemometrics algorithms. Analytical Methods 10:3023-3031.

06

臺灣主要茶樹品種

文圖／胡智益、邱垂豐

一、前言

　　臺灣茶產業因應不同時期的需求，已逐漸發展出各種特色茶類（Chiu, 1988; Jun and Lin, 1997），現以生產部分發酵茶類（包種茶、烏龍茶及東方美人茶）為主，紅茶及綠茶為輔。不同茶類的製茶技術，需要的香氣與滋味各自不同，而茶樹品種即是構成上述的關鍵因素。茶樹品種很多，如何適地適種選擇適合栽植的優良品種，對茶園經營者影響甚大，依據品種特性加以分類，能使栽培者更有效的認知，以提高生產效率。

二、臺灣茶樹的植物分類與田間應用特性

　　茶樹屬山茶科（Theaceae），山茶屬（Camellia）植物。臺灣可供製造飲用茶的茶樹可分為兩個物種：栽培種茶樹（*Camellia sinensis*）及臺灣原生山茶（*Camellia formosensis*）。栽培種茶樹（*C. sinensis*）依據外表形態及生化特徵之差異，可區分成小葉變種（var. *sinensis*）及大葉變種（var. *assamica*），小葉變種（俗稱小葉種）的葉片較小，樹型通常為灌木型，黃烷醇類（flavanol）含量較少，適合製作綠茶及部分發酵茶類；大葉變種（俗稱大葉種）的葉片較大，樹型通常為小喬木型，黃烷醇類含量較多，適合製作紅茶類（Banerjee, 1992；Takeo, 1992）。臺灣原生山茶（*C. formosensis*）葉片較大且瘦長，樹型在原生地為喬木型，經人為栽培後通常因田間作業方便性，會修剪成小喬木型，其特徵與栽培種茶樹（*C. sinensis*）最大的不同為新芽無茸毛，原生族群主要分布於臺灣中南部與東部山區，分布的行政區域包括南投縣、嘉義縣、高雄市、屏東市及臺東縣等，其中以中央山脈為界，西部族群與東部族群的外部形態特徵略有不同，西部族群屬於臺灣山茶變種（*C. formosensis* var. *formosensis*），而東部族群則屬於永康變種（*C. formosensis* var. *yungkangensis*）（Su et al., 2007；Su et al., 2009）。臺灣原生山茶已被直接利用製茶或是間接成為育種親本育成新品種。

　　在品種的田間應用特性部分，為達經濟生產之目的，茶樹在採收前會利用剪枝技術調整產期及促進萌芽，灌木型品種多採弧型剪枝，使採摘面呈淺弧狀，而小喬木型或喬木型品種則大多採用水平剪枝，使採摘面呈水平狀，實務栽培需根據品種

特性選定適合的修剪方式（陳，2002）；另以春茶產期而言，可分為早、中、晚生 3 大類，3 類品種採收期約各相差 7 ～ 10 天，目前由於茶區勞力嚴重不足，因此，假若在同一茶園只種植單一品種，促使春茶採摘勞力需求過於集中，易造成僱工不易而延誤生產或工資過高使成本大幅增加；因此，如能夠在茶園內適度選用不同春茶產期之品種，使產期錯開，可有效紓解勞力需求（陳，2002）。

三、臺灣茶樹品種適製性

　　在製茶特性上，同一個茶樹品種雖可製作各種茶類，如不發酵茶（綠茶）、部分發酵茶（包種茶及烏龍茶）及全發酵茶（紅茶），然因每一種茶樹品種有其生長特性與化學成分的差異性，而這些差異性會影響最佳品質的製茶種類，此即所謂茶樹品種的適製性（胡和林，2019）。以下依據茶樹品種的適製性分類，針對臺灣主要栽培品種進行說明。

（一）適製綠茶及廣適製性的品種

1. 青心大冇

　　青心大冇別名為「大冇」、「青心」，為日治時代選拔品系，屬於小葉種，中生種，樹型中等稍橫張型，葉形呈長橢圓形或披針形，葉片中央為最寬處，葉緣鋸齒銳利，幼芽肥大且密生茸毛，芽色為綠帶紫色，而後轉為綠色，葉色深綠，葉質稍硬，葉脈角度較青心烏龍大，生長勢較強，抗病蟲害特性較強，耐旱性較弱，適製性廣，以製作東方美人茶（又稱白毫烏龍茶、膨風茶或椪風茶）品質最佳，綠茶其次，現也為供應商用飲料茶之重要原料品種，主要栽植於桃園市、新竹縣及苗栗縣（陳，2002、2006；李和張，2003；張，2003；胡，2013；胡和林，2019）（圖6-1）。

▌ 圖 6-1　青心大冇田間照片與近照。

2.　青心柑仔

　　青心柑仔又名「柑仔」，為臺灣地方品系，屬於小葉種，早生種，樹型為橫張型，葉似柑桔葉，葉形呈橢圓形，葉片內折度大，茶芽茸毛多，芽色淡綠，生長勢中等，抗病蟲害特性弱，耐旱性弱，適製碧螺春及龍井綠茶，夏季適合生產蜜香紅茶，主要栽培於新北市三峽區（張，2003；胡，2013；胡和林，2019）（圖 6-2）。

▌ 圖 6-2　青心柑仔田間照片與近照。

3.　臺茶 17 號

　　臺茶 17 號又名「白鷺」，是茶業改良場育成的品種，為母本臺農 335 號（具大葉種血統）× 父本臺農 1958 號（具白毛猴血統）之雜交後裔，於民國 72 年（1983）命名。屬於大葉種與小葉種雜交種，早生種，葉形呈橢圓形，葉色綠，芽色為淡綠色，芽葉茸毛特多，節間小而短，萌芽整齊，樹勢強，抗病蟲害性強，抗

旱性強，適製東方美人茶、綠茶（胡，2013；胡和林，2019；余等，2019）（圖6-3）。

▎　圖6-3　臺茶17號田間照片與近照。

4.　臺茶24號

　　臺茶24號是由茶業改良場臺東分場育成的品種，於臺東縣延平鄉永康部落附近山區引種，並進行單株選拔，於民國108年（2019）命名。屬於臺灣原生山茶永康變種（*C. formosensis* var. *yungkangensis*），是第一個利用臺灣原生山茶直接選拔的品種，其特性為橫張型、生長勢強、抗病蟲害能力強、產量高、早生種、葉為披針形、茶芽綠帶紅、不具茸毛。香氣具菇蕈、杏仁或咖啡香；茶湯醇和，收斂性低，適製高級綠茶及紅茶（余等，2019）（圖6-4）。

▎　圖6-4　臺茶24號田間照片與近照。

（二）適製部分發酵茶類（包種茶及烏龍茶）的品種

1. 青心烏龍

　　青心烏龍別名為「青心」、「烏龍」、「種仔」、「軟枝」、「正欉」，是早期由中國引進，在日治時代選拔，並利用無性繁殖成為地方品系。屬於小葉種，晚生種，樹型稍小開張型，葉形呈長橢圓形或披針形，芽色為綠帶紫色，葉色深綠，葉脈色淡明顯凹陷與主脈交角最小平均僅 40° 左右，平地茶園生長勢較弱，高海拔茶園生長勢較強，抗病蟲害特性及耐旱性較弱，但所製作的包種茶及烏龍茶品質及香氣特優，是目前臺灣栽培面積最廣的品種，分布於全臺灣產茶各鄉鎮，目前也是高海拔茶園栽培面積最多的品種（陳，2002、2006；張，2003；李和張，2003；胡，2013；胡和林，2019）（圖 6-5）。

圖 6-5　青心烏龍田間照片與近照。

2. 四季春

　　四季春別名為「四季仔」，為臺北市木柵茶區農民自行選育的地方品種，屬於小葉種，早生種，休眠期短，樹型中大橫張型，外型類似青心烏龍，但葉基部狹小，葉尖部較尖，另葉脈角度較青心烏龍稍大。本品種芽色為淡紫紅色而後轉綠帶黃，葉色綠，生長勢強，抗病蟲害特性較強，耐旱性中等，適合機械採收。該品種適製包種茶或烏龍茶，香氣濃郁，滋味醇厚，故成為商用飲料茶之重要原料品種，主要分布於南投縣名間鄉（陳和林，2001；李和張，2003；吳，2011；胡，2013；胡和

林，2019）（圖 6-6）。

圖 6-6 四季春田間照片與近照。

3. 鐵觀音

鐵觀音別名為「紅心歪尾」及「鐵仔」，原產於中國福建安溪縣，由清光緒年間（1875 ～ 1908）張迺妙引進種植。屬於小葉種，晚生種，樹大枝肥，葉呈長橢圓形，芽色綠帶紫，生長勢弱，耐旱性中等，適合製造鐵觀音茶，主要栽培於臺北市木柵區及新北市坪林區（陳，2002；張，2003；李和張，2003；胡，2013；胡和林，2019）（圖 6-7）。

圖 6-7 鐵觀音田間照片與近照。

4. 硬枝紅心

　　硬枝紅心別名爲「大廣紅心」，爲日治時代選拔品系。屬於小葉種，早生種，樹型稍大直立，葉呈長橢圓形或披針形，葉色紫紅色，幼芽肥大而密生茸毛，呈紫綠，生長勢中強，抗病蟲害特性中等，耐旱性中等，以製造烏龍茶及鐵觀音茶品質最佳，主要栽培於新北市石門區（陳，2002、2006；李和張，2003；胡，2013；胡和林，2019）（圖 6-8）。

▎ 圖 6-8　硬枝紅心田間照片與近照。

5. 大葉烏龍

　　大葉烏龍別名爲「烏龍種」，爲日治時代選拔品系。屬於小葉種，早生種，樹型高大，枝條稀疏，葉大呈長橢圓形或橢圓形，葉色呈深綠色，幼芽肥大多白毫，芽色綠帶紫，生長勢強，抗病蟲害特性強，耐旱性中等，適製烏龍茶及紅烏龍茶，日治時期主要分布於臺北茶區，現今主要栽培於花蓮縣及臺東縣（徐，1995；陳，2002、2006；李和張，2003；吳，2011；胡，2013）（圖 6-9）。

▎ 圖 6-9　大葉烏龍田間照片與近照。

6. 臺茶 12 號

　　臺茶 12 號又名「金萱」及「二七仔」，是由茶業改良場育成的品種，為母本臺農 8 號 × 父本硬枝紅心之雜交後裔，於民國 70 年（1981）命名。屬於小葉種，中生種，樹型為橫張型，葉形呈橢圓形，芽色為綠帶黃，葉色綠，生長勢強，抗病蟲害特性強，耐旱性中強，適合機械採收。該品種適製包種茶及烏龍茶，製成部分發酵茶具有奶香味，為該品種特色香氣，分布於全國各產茶鄉鎮（吳和楊，1982；胡，2013；胡和林，2019）（圖 6-10）。

圖 6-10　臺茶 12 號田間照片與近照。

7. 臺茶 13 號

　　臺茶 13 號又名「翠玉」及「二九仔」，是茶業改良場育成的品種，為母本硬枝紅心 × 父本臺農 80 號之雜交後裔，於民國 70 年（1981）命名。此品種屬於小葉種，中生種，樹型直立，葉形呈橢圓形，芽色綠稍紫，葉色深綠，生長勢中等，抗病蟲害特性及耐旱性均為中等，適製包種茶及烏龍茶，主要分布於南投縣名間鄉、竹山鎮與宜蘭縣多山鄉（吳和楊，1982；胡，2013；胡和林，2019）（圖 6-11）。

▎圖 6-11　臺茶 13 號田間照片與近照。

8.　臺茶 19 號

臺茶 19 號又名「碧玉」，是由茶業改良場育成的品種，為母本臺茶 12 號 ×
父本青心烏龍之雜交後裔，於民國 93 年（2004）命名，民國 95 年（2006）取得品
種權。屬於小葉種，中晚生種，樹型為橫張型，葉形呈橢圓形，葉尖性狀銳形，葉
基性狀銳形至圓形，芽色淡綠，葉色為綠色，芽葉有茸毛，生長勢強，抗病蟲害特
性強，耐旱性較弱，適製包種茶，香氣幽雅，滋味甘醇，主要栽培於北部茶區（蔡，
2004；胡，2013；胡和林，2019）（圖 6-12）。

▎圖 6-12　臺茶 19 號田間照片與近照。

9.　臺茶 20 號

臺茶 20 號又名「迎香」，是由茶業改良場育成的品種，為母本臺農 2022 號
× 父本青心烏龍之雜交後裔，於民國 93 年（2004）命名，民國 95 年（2006）取

得品種權。屬於小葉種，中早生種，樹型為橫張型，葉形呈長橢圓形，葉尖性狀銳形，葉基性狀圓形，芽色綠略帶紫色，後轉為鮮綠色，葉色綠，單位面積茶菁收量高，但較易纖維化，需注意適採期，生長勢強，耐旱性強，但應注意茶餅病及赤葉枯病危害，適製包種茶及烏龍茶，香氣濃郁、滋味醇厚，分布於全國各產茶鄉鎮（蔡，2004；胡，2013；胡和林，2019）（圖 6-13）。

▌　圖 6-13　臺茶 20 號田間照片與近照。

10.　臺茶 22 號

臺茶 22 號又名「沁玉」，是由茶業改良場育成的品種，為母本臺茶 12 號 × 父本青心烏龍之雜交後裔，於民國 102 年（2013）命名，民國 104 年（2015）取得品種權。屬於小葉種，早生種，樹型為橫張型，葉形呈長橢圓形或橢圓形，葉尖性狀銳形，葉基性狀圓，芽色綠帶黃，葉色綠色，芽度密度高、茸毛密、耐病蟲害、產量高。具花香，茶芽經小綠葉蟬危害，製茶帶有龍眼花蜜味，適製部分發酵茶或綠茶（李等，2015；胡，2013；胡和林，2019）（圖 6-14）。

圖 6-14　臺茶 22 號田間照片與近照。

（三）適製紅茶的品種

1. 臺茶 1 號

　　臺茶 1 號是茶業改良場育成的品種，為母本青心大冇 × 父本 Kyang（大葉種）之雜交後裔，於民國 58 年（1969）命名。為優良小葉種與大葉種之雜交品種，屬於早生種，生長勢強，產量高，適應力強，萌芽密度高，葉形呈長橢圓形，葉緣有較大波紋，鋸齒與側脈明顯，抗病蟲性強，適製性大，萌芽整齊，適合機械採收，適製紅茶品質佳（吳和徐，1970），現為供應商用飲料茶之重要原料品種，主要栽植於桃園市龍潭茶區（圖 6-15）。

圖 6-15　臺茶 1 號田間照片與近照。

2. 臺茶 7 號

　　臺茶 7 號是由茶業改良場魚池分場育成的品種，1941 年自 Shan 之天然雜交後裔篩選得到，原品系代號爲 5118 號品系，在 1971 年命名爲臺茶 7 號。此品種母本 Shan 爲自泰國引進品種，屬於大葉種，生長勢強，抗病蟲害特性強，耐旱性強，適製紅茶。臺茶 7 號屬於大葉變種，中早生種，樹型爲橫張型，葉形呈披針形，芽色爲黃中帶綠，葉色淡綠，生長勢強，抗病蟲害特性強，耐旱性弱，適製紅茶，適於臺灣中東部區域種植（史等，1975；李與張，2003；胡，2013）（圖 6-16）。

圖 6-16　臺茶 7 號田間照片與近照。

3. 臺茶 8 號

　　臺茶 8 號是由茶業改良場魚池分場育成的品種，選自 Jaipuri（大葉種）之天然雜交後裔，於民國 63 年（1974）命名。屬於大葉種，早生種，樹型爲直立型喬木，葉形呈橢圓形，其葉片碩大，爲現有栽培種之最，葉緣具微波狀，葉肉具隆起狀，芽色爲黃中帶綠，葉色淡綠，生長勢強，抗病蟲害特性中等，耐旱性強，適製紅茶，滋味濃厚，主要栽培於南投縣魚池鄉（史等，1975；李和張，2003；胡，2013；胡和林，2019）（圖 6-17）。

圖 6-17　臺茶 8 號田間照片與近照。

4. 臺茶 18 號

　　臺茶 18 號又名「紅玉」，是由茶業改良場魚池分場育成的品種，為母本 B-729（緬甸實生種）× 父本 B-607（南投縣魚池鄉司馬鞍山之臺灣原生茶樹實生種）之雜交後裔，於民國 88 年（1999）命名。屬於大葉種與臺灣原生山茶的雜交種，早生種，樹型為直立型小喬木，葉形呈橢圓形，葉緣為大波浪狀，茶芽茸毛極少，不易纖維化，芽色為淡綠偏黃，葉色淡綠，生長勢較強，抗病蟲害特性及耐旱性均較強，具有獨特肉桂及薄荷味，適製高級條形紅茶，主要栽培於南投縣魚池鄉，另臺灣其他茶區也有局部栽培（行政院農業委員會茶業改良場魚池分場，1999；胡，2013；胡和林，2019）（圖 6-18）。

圖 6-18　臺茶 18 號田間照片與近照。

5. 臺茶 21 號

臺茶 21 號又名「紅韻」，是由茶業改良場魚池分場育成的品種，選自 FKK-1 號（母本祁門 × 父本 Kyang）之天然雜交後裔，於民國 97 年（2008）命名。屬於小葉種及大葉種雜交種，外型似大葉種，為早生種，樹型為直立性，葉形呈長橢圓形，芽色綠，葉色深綠，生長勢強，抗病蟲害特性強，抗風及耐旱性強，但產量及茶芽易纖維化，適採時間較短為其缺點。臺茶 21 號具有獨特芸香科花香，適製高級條形紅茶，主要栽培於南投縣魚池鄉（邱等，2009；胡，2013；胡和林，2019）（圖 6-19）。

圖 6-19　臺茶 21 號田間照片與近照。

6. 臺茶 23 號

臺茶 23 號又名「祁韻」，是茶業改良場魚池分場育成的品種，選自祁門單株選拔種，據 DNA 分子標誌分析結果，推測父本可能為大葉種，於民國 107 年（2018）命名。該品種應屬於小葉種與大葉種雜交種，早生種，樹型為中間型，葉形呈長橢圓形，葉尖性狀銳形，葉基性狀漸尖形，茶芽綠中帶紅，生長勢強，茶芽密度高，單位面積產量高，抗病蟲害特性強，香氣具柑橘香或花果香，滋味甘醇濃稠略具收斂性，適製紅茶（翁等，2018；胡和林，2019）（圖 6-20）。

圖 6-20　臺茶 23 號田間照片與近照。

7.　臺茶 25 號

　　臺茶 25 號是茶業改良場魚池分場育成的品種，選自緬甸 Burma 之天然雜交後裔，據 DNA 分子標誌分析結果，推測父本可能是臺茶 13 號（小葉種），於民國 110 年（2021）命名，111 年（2022）取得植物品種權。該品種應為大葉種與小葉種雜交後裔，屬於早生種，樹型為中間型，葉形呈橢圓形，葉尖性狀銳形，葉基性狀圓形，茶芽具茸毛，芽色紫紅色，富含花青素，生長勢強，茶芽密度小，單位面積產量中，抗病力及耐旱性強。適製紅茶及綠茶，製成的紅茶水色橙紅明亮，具幽雅蘭花香，滋味甘醇溫和；製成綠茶茶湯呈天然粉紫色，藉由調整飲品 pH 值，可使飲品呈現多種繽紛色彩變化，極具應用在手搖飲品開發之潛力，另可應用於庭園景觀栽培與日常綠美化，屬於多元用途之茶樹品種（曹，2021）（圖 6-21）。

▌ 圖 6-21　臺茶 25 號田間照片與近照。

四、茶樹品種 DNA 分子鑑定技術

　　臺灣茶樹品種相當多樣化，有些品種容易從外觀辨識，但多數品種不易區分，尤其製成成品茶後，外觀辨識度困難度更高。為能精確辨識茶葉及成品茶的品種，茶業改良場已開發臺灣茶品種鑑定套組，包含 12 組螢光 SSR 分子標誌，建立超過 140 個臺灣茶品種資料庫，利用 Multiplex-PCR 技術，可節省分析成本與時間，適用於鮮葉、茶苗或製茶加工品（成品茶及商用茶原料）的鑑定。在實際應用上，不但可作為茶苗純度與品種權保護之依據；在優良茶比賽中可確認參賽茶樣品種的純正性，另也可輔助鑑定商用茶原料是否混參國外茶樣（胡等，2021）。

五、結語

　　茶樹品種是影響茶葉風味的主要因素之一，不同品種具有不同的適製性，茶農可依據製茶類型、銷售市場、耕作模式等選擇適當的品種，而新品種可與現有市場流通品種區隔，也是新植茶樹重要考慮因素之一；消費者也可依據自身的嗜好性，選擇最喜好的品種。

　　此外，茶業改良場育成的新品種如臺茶 19 號、20 號、22 號及 25 號等，都已申請植物品種權，保護年限可達 25 年；若茶苗或成品茶，若遇到爭議時，也可透過 DNA 分子鑑定技術獲得最佳解決方案。

六、參考文獻

1. 史楔、何信鳳、朱湧岳。1975。六十三年登記命名紅茶用茶樹新品種特性報告。臺灣農業季刊 11(2):37-73。

2. 行政院農業委員會茶業改良場魚池分場。1999。茶樹新品系 B–40–58 申請登記命名資料。行政院農業委員會茶業改良場。

3. 余錦安、鄭混元、羅士凱、蕭建興、胡智益、楊美珠、林金池、吳聲舜、邱垂豐。2019。2019 年度命名茶樹新品種臺茶 24 號試驗報告。臺灣茶業研究彙報 38:11-28。

4. 吳振鐸、徐英祥。1970。五十八年度登記命名茶樹新品種試驗報告。臺灣省農業季刊 6(2):1-26。

5. 吳振鐸、楊盛勳。1982。七十年度命名茶樹新品種臺茶十二號及臺茶十三號試驗報告。臺灣茶業研究彙報 1:1-14。

6. 吳振鐸、馮鑑淮。1984。七十二年度命名茶樹新品種臺茶十四、十五、十六及十七號的育成。臺灣省茶業改良場研究特刊 1 號。臺灣省茶業改良場。

7. 吳德亮。2011。認識臺灣茶。臺灣的茶園與茶館。pp. 10-39。聯經出版事業股份有限公司。

8. 李臺強、邱垂豐、陳國任、陳右人、胡智益。2015。茶樹新品種臺茶 22 號育種試驗報告。臺灣茶業研究彙報 34:87-100。

9. 李臺強、張清寬。2003。臺灣茶樹種原圖誌。行政院農業委員會茶業改良場。

10. 邱垂豐、林金池、黃正宗、林儒宏、蕭建興。2009。紅茶新品種—臺茶 21 號。臺灣茶業研究彙報 28:1-18。

11. 胡智益、林祐瑩。2019。臺灣茶樹栽培品種與新品種特性介紹。農業世界

雜誌 428:1-16。

12. 胡智益、蔡憲宗、邱垂豐、蘇宗振。2021。臺灣茶品種鑑定套組之開發與應用。110 年臺灣農藝學會作物科學講座暨研究成果發表會。臺灣農藝學會。

13. 胡智益。2013。茶樹品種分子鑑定技術之開發及遺傳圖譜之建構。國立臺灣大學農藝學研究所博士論文。

14. 徐英祥譯（井上房邦原著）。1995。臺灣之茶樹品種。臺灣日據時期茶業文獻譯集。pp. 1-25。臺灣省茶業改良場。

15. 翁世豪、林金池、林儒宏、黃正宗、黃玉如、蘇彥碩、胡智益。2018。紅茶新品種－臺茶 23 號。臺灣茶業研究彙報 37:13-28。

16. 張清寬。2003。茶樹育種與栽培之回顧與展望。臺灣茶葉產製科技研究與發展專刊。pp. 54-74。行政院農業委員會茶業改良場。

17. 曹碧貴。2021。植物品種說明書－茶樹臺茶 25 號。行政院農業委員會茶業改良場。

18. 陳右人。2002。茶樹品種與育種介紹。茶作栽培技術修訂版。pp. 6-11。行政院農業委員會茶業改良場。

19. 陳右人。2006。臺灣茶樹育種。植物種苗 8(2):1-20。

20. 陳煥堂、林世煜。2001。都是龍種－烏龍的品種。臺灣茶。pp. 40-48。貓頭鷹出版社。

21. 蔡俊明、張清寬、陳右人、陳國任、蔡右任、邱垂豐、林金池、范宏杰。2004。2004 年度命名茶樹新品種臺茶 19 號及臺茶 20 號試驗報告。臺灣茶業研究彙報 23:57-78。

22. Banerjee, B. 1992. Botanical classification of tea. Tea: Cultivation to Consumption. pp. 25-51. Chapman & Hall Press.

23. Chiu, T.F. 1988. Tea production and research in Taiwan. Recent development in tea production. pp. 121-129. Taiwan Tea Experiment Station.

24. Jun, I.M. and Lin, M.L. 1997. Present status of tea industry in Taiwan. Taiwan Tea Res. Bull. 16:87-97.

25. Su, M.H., Hsieh, C.F., and Tsou., C.H. 2009. The confirmation of *Camellia formosensis* (Theaceae) as an independent species based on DNA sequence

analyses. Bot. Stud. 50(4):477-485.

26. Su, M.H., Tsou, C.H., and Hsieh, C.F. 2007. Morphological comparisons of Taiwan native wild tea plant (*Camellia sinensis* (L.) O. Kuntze forma *formosensis* Kitamura) and two closely related taxa using numerical methods. Taiwania 52(1):70-83.

27. Takeo, T. 1992. Green and semi-fermented teas. Tea: Cultivation to Consumption. pp. 413-457. Chapman & Hall Press.

07

茶苗繁殖

文圖／黃玉如、蔡憲宗

一、前言

目前（統計 2018～2021 年）臺茶種植面積約 1.2 萬公頃，年產量約 1.4 萬公噸（行政院農業委員會農糧署統計年報），產業發展朝精品茶及商用茶雙軌並進，供應國內外市場。而為了臺灣茶業的永續發展，維持臺灣茶業的競爭力，茶業改良場持續培育茶樹新品種，至 110 年（2021）止，共已命名 25 個新品種。無論是原有品種更新、新植或新品種的推廣種植，視定植方式每公頃約需 12,000～20,000 株茶苗，保守估計每年茶苗需求量約 500 萬株，足見茶苗繁殖工作對於茶產業發展的重要性。

二、茶苗繁殖方法

茶苗繁殖的基本途徑分為有性繁殖跟無性繁殖兩種：

（一）有性繁殖（Sexual propagation）

是利用茶樹種子進行播種育苗，一般通稱種子繁殖；透過父母本雜交，經由雌雄兩性細胞的結合，基因重新組合，可產生與父本、母本相同性狀或雙親皆無的新性狀。

以種子繁殖的茶苗稱為實生苗（種子苗）（圖 7-1），實生苗具有主根，可深入底土，故具有抗旱、抗寒及適應環境能力較強等優點；但由於茶樹是異交作物，實生苗無法保證含有親本的優良特性，田區每一株表現不同（會出現變種），以致園相雜亂，不利於採收與製茶。故本法適合於引種及選種，在栽培上大多不採用此法。

▍　圖 7-1　茶樹種子在土壤中發芽示意圖。

（二）無性繁殖（Vegetative propagation）

　　是直接利用茶樹營養體的某一部分（如枝條）進行育苗，所以也稱營養繁殖。這種由分割母體某一部分營養體育成新個體，其遺傳性狀與母體一樣，純一而穩定（劉，2014）。無性繁殖具有保留優良母樹的遺傳特性、繁殖倍率高、繁殖力強及有利於大量繁殖，且容易管理等優點。此種繁殖方法以枝條應用最多，利用不同繁殖方式，又可分為壓條繁殖法、扦插繁殖法、嫁接繁殖法及組織培養法等。

1. 壓條繁殖法（Layering）

　　選擇優良茶樹品種為母樹，將母樹枝條牽引至地面固定，再以土壓埋其上，待枝條發根後，1 年後自母株切離，使成獨立植株者（圖 7-2）。此法發根迅速，成活率高，成本低，且管理方便，為茶樹無性繁殖方法中最早被利用（1980 年之前）。但壓條繁殖倍率不如扦插繁殖，且效率不佳，一株母樹無法壓製超過 10 株以上的壓條苗，在壓條過程中母樹無法進行生產，且需要至少 4 年才能恢復產量，現在幾乎已無人採用此法繁殖茶樹。

圖 7-2　茶樹壓條繁殖。

2. 扦插繁殖法（Cutting）

　　取枝條作爲插穗，經殺菌或發根劑處理後，直接將插穗插入土壤或介質中，經適當的管理，讓其發根長芽（圖 7-3）。本法優點爲一株經留養的枝條母樹可以繁殖 50 餘株以上的扦插苗，效率極高，且繁殖所需空間小，適合設施大量一貫作業以降低繁殖成本。民國 64 年（1975 ）之後，由於茶葉內銷逐漸興盛，茶苗需求量大，茶業改良場對於茶樹扦插繁殖技術已有成果，自此扦插苗漸漸取代壓條苗應用於建立純種茶園，至今仍是茶苗繁殖主流方法。

圖 7-3　茶樹扦插繁殖。

3. 嫁接繁殖法（Grafting）

　　嫁接亦稱接木，把茶樹的枝條或芽體接到不同植株上或將成熟芽接到另一扦插穗上使它們結合成新個體的方法稱之（圖7-4）。常見的組合為以臺茶 12 號為砧木，青心烏龍為接穗，但後續必須多費工來除去生長勢較強砧木上的不定芽，因此，增加了許多茶園管理工作。

▍　圖 7-4　茶樹嫁接繁殖。

　　茶樹可以有性或無性繁殖培育茶苗，因其為異交作物，遺傳組成相當複雜，種子繁殖之後代因分離而變異，品質不一，在管理上亦感不便。無性繁殖法中之壓條法，需要大面積的母樹園，且壓條後之母樹在 2 ～ 3 年內不能正常生產極不經濟；扦插繁殖法可避免上述缺點，且單位面積育苗數量亦遠較前二者多，母樹除於採穗前後一段時期外，其他時期仍可照常採收，因而近年來扦插法已取代上列二法，普遍為茶農所採用。故本篇茶苗繁殖法將介紹以扦插繁殖法進行茶苗繁殖的方法與注意事項。

三、扦插育苗法

　　扦插育苗法目前有下列 3 種方法（林，2005），各有利弊，茲分述如次：

（一）苗床扦插

民國 64 年（1975）由茶業改良場研究「茶樹扦插育苗加速成長法」成功，取代傳統式壓條法，並辦理示範苗圃（圖 7-5），派技術人員分赴各茶區指導茶農扦插育苗技術。

過去茶農都利用新墾土地為苗床進行扦插，經 10 個月到 1 年成苗後，移植至田間定植。由於需要每年更換苗圃，或將苗床表土 10～15 公分的土壤更換新土，因此，無法設置固定扦插苗圃，且掘起茶苗時根部易受損傷，於短時間內無法完成定植，遇到炎熱天氣時茶苗易發生凋萎，影響其成活等均為其缺點。

▌ 圖 7-5　苗床扦插育苗的情形。

（二）塑膠袋扦插

茶業改良場有鑑於苗床扦插法諸多缺失，乃改以塑膠袋扦插育苗（圖 7-6），取代苗床育苗。所採用之塑膠袋為黑色，長度 20 公分 × 寬 5 公分，兩邊底打洞（直徑為 0.7 公分），以利排水，所用土壤亦採用新土，經打碎篩選後之細土用人工裝袋，雖較土壤苗床扦插費工，且搬運時須將茶苗連袋帶土直接運至所要種植之茶園，成本較高，唯在種植時將黑色塑膠袋用小刀切開後連土種於穴中，可減少根部受傷，提高成活率，同時能設置固定扦插苗圃，不必輪流更換土地，可節省苗床土地面積，唯黑色塑膠袋收集後難以處理是其缺點。本法處理過程如下：

1. **土壤**

土壤宜採用排水良好之新土，若係黏土必須混合 1/4 或 1/3 河砂，切忌使用海砂，以收通氣與排水之雙重效果；最好是採用壤土經打碎，再用 6 目（網孔 0.5 公分）網篩選後之細土裝入塑膠袋。

2. **塑膠袋裝土**

俗語說：「工欲善其事，必先利其器。」為便於作業利用 1.5 吋塑膠管，長度 20 公分，上端鋸成 45°斜口，下端鋸成平行口，插入塑膠袋，上端往泥土堆一插向上拉起，土壤即裝入袋內，再輕輕往地上敲 1、2 下，即將塑膠管拔出，使土壤剛好與塑膠袋口同高，扦插澆水後約略降 0.5 公分為最適宜，若土壤下降太深或未下降，表示土壤太鬆或太緊，兩者皆不宜。

3. **苗床設置**

每一畦苗床長度視業者管理方便而定，苗床寬度 1 公尺，苗床四周用木板豎立，其高度約 15 公分左右，可使塑膠袋放入後不致傾斜或倒下，依序橫向排入苗床，每排約可置放 20 個塑膠袋，扦插後隨即充分澆水。

完成澆水後，先用透明塑膠布密封覆蓋，再用 30％透光率黑色塑膠網蓋在其上，日後澆水時將苗床畦頭、畦尾兩邊打開，用噴頭伸入澆水即可，此種澆水方式苗床不宜太長，或是在每畦裝設 2 條黑色 PE 穿孔管，以利灌水，且可節省水、人力，初期 1～2 個月內澆水時應避免動搖插穗，以免影響其成活。

圖 7-6　塑膠袋扦插育苗的情形。

（三）穴植管扦插育苗法

　　茶業改良場另有研究利用介質及配合容器（穴植管）來繁殖茶苗，稱為穴植管育苗（圖 7-7），穴植管長 18 公分，口徑 4 公分，體積 156 立方公分規格為佳，穴植管架長有 10 孔，寬有 5 孔，計 50 孔，每架有 4 支腳架支持，每架可插 50 支穴植管，此法係採用蛭石、珍珠石、泥炭土（4.5：1：4.5）等介質混合後，放置於穴植管中，插穗插於其中，如此可避免遭受土壤傳播性病害及線蟲之危害。每年只需施肥 1 次，在扦插 4 個月後，每管施用緩效性粒狀之肥料約 10 粒，肥效可維持 1 年之久，若插穗成長良好，全年皆可利用本法扦插育苗，定植田間可提高茶苗成活率，缺株時利用穴植管苗補植，可提高補植之成活率，是一種良好之扦插方法。唯仍有許多問題亟待研究解決，如介質裝填作業之簡化、自製栽培介質以期降低成本，讓業者能夠接受並樂於採用。

圖 7-7　穴植管扦插育苗的情形。

四、茶苗育苗產業導入機械化

　　在農業缺工問題日益嚴重情形下，國內茶產業從田間管理到製茶過程已逐步導入機械化作業，不僅有助於提升效率，同時可降低人力需求；茶業改良場為解決茶苗育苗填土作業缺工問題，輔導育苗業者導入日本苗袋填土機組（圖 7-8），並針對臺灣育苗作業模式加以改良，從改變振動機組的振動大小、茶苗盤搬運機械改善建議與改良茶苗填土框架等，使日本茶苗填土機組在臺灣更適地作業。

▌　圖 7-8　苗袋填土機組。

　　臺灣目前茶園面積約 1.2 萬公頃，若以茶園每 20 ～ 40 年更新 1 次之頻率估算，每年約有 300 ～ 600 公頃茶園更新，每公頃以 1.2 萬株建議種植數量計算，則每年茶苗需求量為 360 ～ 720 萬株茶苗（尚不包括新植茶園之需求）。現行茶苗育苗袋採用黑色塑膠袋，且依賴人力進行填土作業，作業速度約 5 ～ 6 秒 / 袋，平均每人每日可完成約 5,000 個土包袋，作業相當辛苦又耗時（圖 7-9）。若連日下雨，場地泥濘，則不適合填土作業，進而影響茶苗扦插最佳時機（黃和劉，2019）。

▌　圖 7-9　傳統人工填土作業情形。

　　為解決填土缺工問題，茶業改良場於民國 107 年（2018）協助茶苗育苗業者引進日本「苗袋填土機組」，機組包括開袋、貯料、輸送、振動、升降及搬運設備，育苗袋採用「蜂窩型分解紙袋（簡稱紙袋）」（圖 7-10），並針對臺灣育苗流程

協助改良機械，填土作業需 2 人操作，每小時約可完成 24 批次（盤）作業，每盤 260 個土包，每日約可生產 5 萬個土包（表 7-1），與傳統人工填土相較效率可提高 5 倍以上；且紙袋苗因排水良好，根系向下分布均勻，相對於塑膠袋苗根系較密且粗壯（圖 7-11）。除了提高填土效率外，因採用蜂窩型分解紙袋，於茶苗種植時可併同植入土中，紙袋在土壤中自然分解，可免去脫袋的人工外，也減少塑膠廢棄物的產生；此外，紙袋苗降低了土壤黏附問題，可搭配茶業改良場與業者合作改良之種樹機械進行自動化植茶，經初步測試成效良好，未來進一步擴大推廣後可望更加提高茶樹種植效率，減輕茶農人力負擔（黃和劉，2021）。

圖 7-10　蜂窩型分解紙袋填土情形。

圖 7-11　育苗 1 年的紙袋苗與塑膠袋苗生長情形。

▼ 表 7-1　傳統人力與機械填土之效率差異

項目	傳統人工填土	機械苗袋填土
填土速率	5～6 秒／土包（1 人作業）	24 盤／時（每盤 260 土包）
1 天作業量（8 小時）	4,800～5,760 土包（1 人作業）	49,920 土包（2 人作業）

五、茶樹扦插成功之先決條件

（一）插穗選取

　　枝條的成熟度與粗細、芽點充實度、葉片完整與否，均會影響扦插成活率及幼苗的發育。插穗成熟度宜選擇枝條表皮呈綠色且已木質化及表皮呈紅褐色但未裂開前之枝條，尤以枝條表皮呈黃綠色最佳。過粗或過細枝條皆不宜，過粗的枝條多已老化不易成活；過細的枝條雖然會成活，但發育不佳。一般小葉種枝條以直徑在 0.3 ～ 0.5 公分左右為宜。

　　芽點充實者扦插易於成活，芽點如米粒一般大者最佳。扦插時留一個葉片，留葉過多時，水分蒸發與吸收量不能平衡難以成活。

（二）扦插育苗環境

1. 水分

　　苗床水分含量影響茶樹扦插成活率，故扦插後在根系尚未形成前，土壤溼度應保持 60 ～ 80 % 左右，可提高成活率。

2. 溫度

　　茶樹扦插最適宜時期在 12 月下旬至翌年 1 月中旬，此時溫度偏低，宜加蓋透明塑膠布以提高苗床溫度，促進茶樹萌芽與發根，溫度通常保持在 20 ～ 30 ℃ 之間，過低或過高均不適宜。

3. 光照

　　植物仰賴太陽光之照射，以進行光合作用製造養分，茶樹亦不例外，在適當光照下插穗發育良好，光照太弱或太強均不宜，一般於扦插後架設竹架或鐵架，再蓋上遮蔭度 70 % 左右的黑色遮蔭網，以減少日照量，亦即茶樹扦插初期以 30 % 左

右之透光率為適。

4. 土壤

土壤要選物理性良好、化學性佳且富含有機質之砂質壤土，尤以良好肥沃的水稻田為最佳。

六、母樹園與苗圃之選定與管理

茶樹扦插成活率以及幼苗健壯與否，受品種遺傳特性及母樹本身之樹勢強弱所左右，因此，母樹之選擇與管理至為重要。

（一）選擇優良母樹園

1. 品種應選擇純正，且以 3 ～ 6 年生及生長旺盛無病蟲危害及感染的茶樹作為採穗母樹園。
2. 母樹園宜在避風處，避免枝條被風吹動相互擦傷，造成破損而影響採穗數量。

（二）母樹管理與修剪

1. 母樹盡量選擇 5 ～ 10 年生之青壯茶樹，如選用高齡的茶樹應於前 2 年實施台刈，並於台刈前 1 年施有機肥料，促使台刈後萌發健壯的枝條，始可採得優良健壯的插穗。
2. 當年欲採穗之母樹園，夏季採收後應進行修剪，並停止採摘，以養成強壯枝條。
3. 依照一般茶園肥培管理，每株茶樹施用臺肥 42 號或 1 號複合肥料約 40 ～ 60 公克（施肥量視茶樹樹齡而定），以促進茶樹生長與發芽，培育成健壯的枝條，以供採穗。

（三）病蟲害防治

母樹園若發生病蟲害時，應依照行政院農業委員會公告核准登記使用於茶樹之藥劑進行防治，以維持茶樹正常生長，培養健康強壯枝條。母樹園於扦插前 3 週或 1 個月前用核准登記使用於防治茶赤葉枯病之殺菌劑，連續噴灑 3 次，每週 1 次可

防止扦插後茶赤葉枯病的發生，噴完 3 次後第 2 天即可採取枝條進行扦插工作。

（四）扦插時期

扦插時期依據臺灣氣候環境可分爲 12 ～ 1 月、5 ～ 6 月及 9 ～ 10 月等 3 個時期，其中以 12 月至翌年 1 月扦插最爲適宜。

（五）苗圃條件

1. 水源充足，便利灌溉且排水良好。
2. 含有充分有機質的砂質壤土。
3. 地勢平坦，交通便利，且向陽避風之處爲佳。
4. 土壤酸鹼值（pH）值 4.0 ～ 5.5。

（六）苗床整地作畦

1. 整地

苗床用地除須耕犁及碎土外，若採用土壤爲黏性新土時，尚須另加 1 / 3 河砂並經充分攪拌，使其混合均勻，使土壤較鬆軟以利通氣及排水，整地時先施用腐熟的有機肥作爲基肥。

2. 作畦

作畦以利排水及管理作業，畦寬 1.2 公尺，畦高 15 ～ 20 公分，畦長則視地形及水壓強弱等條件決定，普通以 10 公尺爲宜，每畦間隔 40 ～ 50 公分作爲工作人員作業之道路及排水之用。

（七）雜草之預防

原則上以不施用除草劑爲宜，必要時在作畦完成後依照政府推薦之方法使用萌前殺草劑噴於畦上，再以鋤頭將畦面攪拌 1 次，使藥劑與苗床土壤充分混合，深度以 5 公分爲宜。視藥劑性質而定，若係噴施後不能翻動之藥劑，應避免破壞土面藥劑層，以免影響殺草效果，而噴藥應於扦插前一週實施。

（八）設置灌溉系統

扦插苗圃應設置灌溉系統，若係穴植管育苗則分支水管接噴頭，採用人工灌溉或高架噴霧灌溉。以土壤苗床扦插時，最好採依畦長方向扦插，以便利於畦上裝設

2 條黑色 PE 穿孔管（左右各 1 條），在每條 PE 穿孔管的左側插穗應依葉片相背扦插，以免操作 PE 穿孔管時動搖插穗影響成活率；每條 PE 穿孔管應設置活動開關，以便控制水壓，此為最經濟方便且有效的灌溉方法。

（九）苗圃遮蔭

　　苗圃適度的遮蔭可提高扦插育苗的成活率，遮蔭度太高，則日照量不足，不利於插穗的成活及成長。反之，遮蔭度太低，則光線過於強烈，水分蒸發太快，葉片易於脫落，甚至於枯死。根據茶業改良場試驗結果，遮蔭度以 70 % 左右，亦即 30 % 之透光率為佳。遮蔭的方式有高架式及矮架隧道式兩種（林，2005），分別介紹如下：

1. 高架式遮蔭採用水泥柱或竹、木頭等為支柱做成高架，上蓋黑色遮蔭網或竹簾（或竹片），架之高度為離地面 2 公尺左右，支柱每隔 5 公分設置 1 支；遮蔭材料可採用以寬 1 公分的竹片間隔 0.3 公分編成之竹簾，如採用黑色遮蔭網時，其遮蔭度應為 70 % 左右，竹材應採用桂竹，竹簾或遮蔭網均應用竹片或鐵線將其固定於架上。

2. 矮架隧道式即於扦插完畢後，將事先備妥的竹片或鐵條橫插於畦的兩邊成「∩」形，每隔 60 公分左右橫插一支，然後再以長竹片一支將所有的「∩」形竹片連接，並加以固定，12 ～ 1 月間育苗應先蓋透明塑膠布（其他月分可免），再蓋遮蔭度 70 % 的黑色遮蔭網，然後用土將透明塑膠布及遮蔭網四邊加掩蓋密封，一方面可防透明塑膠布及遮蔭網受風吹動及小動物入內為危害插穗，同時亦可使隧道內經常維持相當溼度及溫度，如果透明塑膠布內過於潮溼或高溫時可將兩端酌留小孔通氣，以減少溼度或降低溫度。

（十）剪穗的方法

1. 從母樹園採取適合枝條，置於陰涼處或於室內操作，避免陽光直曬或風吹影響插穗成活率。

2. 插穗長度約 5 ～ 6 公分左右，保留最上端一葉，其餘葉片剪除，如有花蕾亦應全部摘除，以免影響插穗發育。

3. 剪插穗時應在頂端腋芽上方 0.5 公分處平剪，基部則為 45 °斜剪（斜剪方向大略與葉片平行），以增加與土壤的接觸面。

4. 所用的剪定鋏（剪刀）應銳利，使所剪的枝條切口平滑無破裂，方不易爲病菌侵入。

5. 插穗剪好應置於陰涼處，並盡速於 2 小時內扦插完畢爲宜。

（十一）苗床扦插方法

1. 利用苗床扦插育苗行距 12 ～ 15 公分，株距 4 ～ 5 公分，若爲增加育苗單位面積扦插數量，行距可縮小爲 10 公分，株距改爲 3 ～ 4 公分，插前先依所欲採用之行株距標準，置妥行株距標示點，作爲扦插時之標尺。

2. 扦插前先將苗床土壤充分澆水，以浸透苗床土壤 10 公分深爲宜。

3. 扦插時，依行株距標示尺所定距離將插穗以 30°角度斜插入土中，深度以距所留之葉柄下方 0.5 公分處爲宜。每畦的 2 個邊行插穗（每行只有 1 列插穗）所留的葉片應朝內，內 4 行插穗（每行有 2 列插穗）之葉片相對，以利放置 PE 穿孔管。

4. 扦插後爲使插穗與土壤密切接觸，必須用紅孔澆水壺或細孔噴頭充分澆水，或用 PE 穿孔管灌漑，使插穗之切口與土壤充分密接，然後加蓋透明塑膠布及黑色遮蔭網。

（十二）苗圃管理

1. 水分管理

⑴茶樹扦插成活率的高低與灌水量適當與否關係密切，苗床水分不足扦插易於枯死；反之水分太多則插穗易於腐爛。因此，如何判斷土壤溼度是否適當，以手抓起苗床土壤用大拇指與食指壓捏，以潤溼而不鬆散或不出水，此時土壤水分最適當，灌水時用細孔澆水壺或細孔噴頭澆水，或用 PE 穿孔管噴灑，以免沖刷床土或動搖插穗影響成活。

⑵雨水充裕時，覆蓋的透明塑膠布不宜完全密封，宜將兩端掀開，使其充分通風透氣，避免茶苗生黴腐爛。

⑶覆蓋透明塑膠布後，如無降雨，應隔相當時日澆水 1 次，此應視天氣及苗床土壤之溼度酌量進行，普通約 2 星期至 1 個月澆水 1 次，澆水時使用 PE 穿孔管者可將開關打開噴水，若未設有自動噴水者，將兩端透明塑膠布掀開，細孔噴頭於兩端伸入充分澆水，再予覆蓋密封（但兩端仍需留孔透氣）

或將透明塑膠布掀開一邊澆水後再蓋上，操作時盡量避免動搖插穗。

⑷去除透明塑膠布後 1 個月內，原則上每日澆水 1 次，1 個月以上至 2 個月時，約 2 ～ 3 日澆水 1 次，2 個月後視氣候及土壤含水量情形，斟酌延長澆水日數。

2. 除草

育苗期間若有雜草應予拔除，拔除時宜注意勿損傷或動搖插穗，除草後應予充分澆水。

3. 肥培管理

⑴一般扦插後經 3 個月即可生根，苗床如已施用有機質肥作爲基肥者，應視茶苗生育情形酌施追肥，若未施用基肥應施用追肥。

⑵除去透明塑膠布後約 2 ～ 3 星期開始施肥，普通施肥時期分別於 6 月中旬、7 月上旬、7 月下旬、8 月中旬各施 1 次（視茶苗生長情形再斟酌施肥及施肥次數），第 1 ～ 3 次施肥量爲每平方公尺分別施用尿素 5、8、12 公克，第 4 次施用臺肥 1 號複合肥料或 42 號複合肥料 10 公克。

⑶固體肥料可直接撒施於行株間，施肥時宜在晴天露水乾後進行，一般施尿素後可用清水沖洗葉片，而施用複合肥料時，尚須用彈性竹片在茶葉上輕拍，使肥料滑落於苗床，再用清水沖洗葉片，以免葉片積留肥料受害。

4. 病蟲害防治

育苗期遇有病蟲害發生時，應立即噴藥防治，用藥種類及方法可參照政府頒布之茶樹病蟲害防治法施用。

5. 其他應注意事項

⑴苗圃排水溝要清理，以免下雨阻塞，使茶苗浸水，影響根部發育。

⑵下雨後，苗床土壤如被沖刷，需行培土。

⑶到 5 月間，當透明塑膠布溫度達 35 ℃時，宜將兩端透明塑膠布掀開，使其通風透氣，達 40 ℃左右時，應全部除去塑膠布，以防溫度過高傷害幼苗（矮架遮蔭者，仍要再蓋上 70 ％ 左右遮蔭度之黑色遮蔭網，避免強烈日照）。

⑷扦插 2 個月內茶苗尚未充分發根，應盡量避免因管理工作動搖插穗。

⑸出苗前 3 ～ 4 個月，除去遮蔭材料，使茶苗適應自然環境，但此時由於無

遮蔭設備，應特別注意澆水，以防土壤過分乾燥。

（十三）取苗定植

1. 扦插後經 10 ～ 12 個月，茶苗生長健壯即可移植本田定植，一般種茶時期都在雨天或雨後進行，此時茶苗根部的土壤尚呈潤溼狀態，取苗時正可連根帶土挖起，定植時以單株種植為宜。

2. 晴天取茶苗時，應於前一天充分澆水，使土壤溼潤，定植後較易成活。

3. 苗床培育之茶苗，起苗前應先估計人工可種植數量，當天起苗應當天種完為宜。

七、結語

　　茶業改良場從民國 26 年（1937）即開始進行茶樹扦插繁殖的研究，至民國 64 年（1975）以茶樹扦插加速成長法，突破傳統式茶樹育苗壓條方法，改進數量少、育苗時間長之缺點，對臺灣新植茶園及衰老茶園更新貢獻良多。目前全國茶苗種多以扦插苗為主，且多由專業育苗場負責供應；因應農業缺工問題日益嚴重情形，茶業改良場不僅協助解決育苗填土作業缺工問題，提高填土效率，目前更朝自動化植茶方向進行研究，期待未來推廣後，可提高茶樹種植效率，減輕茶農人力負擔。

八、參考文獻

1. 行政院農業委員會農糧署。2020。農業統計年報資料。

2. 林木連。2005。茶苗繁殖法。茶作栽培技術修訂版。pp. 12-20。行政院農業委員會茶業改良場。

3. 黃惟揚、劉天麟。2019。引進苗袋填土機組，茶苗育苗產業邁入機械化。茶業專訊 107: 14-15。

4. 黃惟揚、劉天麟。2021。茶改場技轉「苗袋填土機組之操作技術」解決茶苗缺工問題。茶業專訊 115: 13-14。

5. 劉熙。2014。茶樹栽培與茶葉初製。五洲出版社。

08

茶園水土保持

文圖／邱垂豐

一、前言

美國水土保持之父，首任農業部水土保持局局長 Dr. Bennett 認爲，現代的水土保持是以合理的土地利用爲基礎，一方面使用土地，一方面給予土地以其所需要的適當處理，藉以保持其生產至永續不衰。

臺灣茶區初始即以利用山坡地爲主，早期集中在北部丘陵臺地，後經多次興衰更替及市場變遷，逐漸向中、南、東部分散移動，但仍然以山坡地爲主要範圍，近年來高海拔茶園面積有明顯增加的趨勢。臺灣夏季風強雨急，地質脆弱山坡地茶園土壤很容易流失，流失的土壤還會在河川下游流域造成淹沒或汙染等二次災害。因此，茶園水土保持作業不容忽視（行政院農業委員會水土保持局，2005；黃，1954）。

二、山坡地保育之目的

根據《山坡地保育利用條例》第 3 條所稱山坡地；及《水土保持法》第 3 條第 3 款所稱山坡地範圍，除山坡地保育利用條例之範圍外，並涵蓋國有林事業區、試驗用林地、保安林地，由以上定義，臺灣之土地可分爲平地與山坡地（行政院農業委員會水土保持局，2005）。

臺灣因特殊的水文與地文條件，維持良好的植生被覆，由各層植被發揮保育土壤，涵養水源等功效，是坡地最好的保護。有鑑於坡地的開發利用是不可避免的，所以必須導入人爲的保育方法，即開發利用坡地時應實施水土保持之處理與維護；所謂水土保持之處理與維護係指應用工程、農藝或植生方法，以保育水土資源、維護自然生態景觀及防治沖蝕、崩塌、地滑、土石流等災害之措施（水土保地區土地別坡－1－2《水土保持手冊持法》第 3 條第 1 款）。當坡地爲農地使用時應實施農地水土保持，主要的水土保持措施爲山邊溝、果園山邊溝、平臺階段、石牆和窄階段；除了以上所提之措施外，農地保育可應用植生，如草帶、帶狀覆蓋、全園覆蓋並配合安全排水、跌水和蝕溝控制等，以確保農地之安全。另坡地作爲非農業使用之開發，其最大問題爲大量整地會可能造成嚴重的水土流失，因此，整地階段之水土保持工作，尤爲重要，諸如要有安全的排水設施、沉砂滯洪池的設置和植生覆蓋

和邊坡穩定工程等。務使地面能完全受到保護與控制（行政院農業委員會水土保持局，2005）。

三、茶園水土保持之重要性

水土保持（soil and water conservation）者，意即「防止水土流失，保持土壤平衡」之謂也。土壤中最寶貴之資源，為表土與水分。表土愈深厚，土壤愈肥沃，愈能適合作物之生長；土中蓄水能力之大小，亦直接影響作物之生長，故如何保持土中之表土與水分，使不致被流失或破壞，而適合作物之生長，實為從事茶（農）業者重要之課題。

土壤為岩石風化而成，因長期受風吹雨沖外力之侵襲，形成今日之山地、丘陵及平原等。原始時代，土壤變化速度較少，經墾植後，因雨水逕流（ruff-off）之沖蝕，風力之剝蝕，或其他如地震、海浪、山崩及水凍等原因，致鬆軟肥沃之表土，極易遷徙及流失，此種現象，名曰侵蝕（erosion）。茶園水土保持之目的，乃在求土壤中水與土之合理管理與利用，以控制逕流及防止沖刷，使茶園土壤中之資源，永久保育，不致損失或枯竭，以求茶葉產量增加與品質之提高（黃，1954）。

臺灣茶園多在坡地或高山，其茶葉品質均較平地為優，坡度愈傾斜，坡面愈長，水之下沖愈劇；若不設法防止，任其自然發展，則茶園土壤資源，勢必蕩然無存，如此，不獨茶樹勢必枯萎而死，及其他作物亦必無法生長，終使童山濯濯，盡成廢地。

臺灣地形山嶽多而平原少，中央山脈縱貫全島，且多高峰，地勢至為陡峻，山險水急，平均傾斜度約 27 % 以上。茶園多數種植在傾斜地上，土壤疏鬆，多為黏板岩所風化而成，且氣候多雨多風，故降雨時逕流係數極大，洪流又甚湍急，侵蝕之力特強，已往因仰賴森林密茂及自然植物覆蓋，少有沖刷現象發生。近年來由於人口激增，森林之破壞日烈，濫墾之風尤盛，草木除盡，土壤鋤鬆，一旦豪雨來襲，則山洪一來，土壤結構遭致破壞，坡地崩塌，土層削裂，茶根暴露，枯萎死亡者（圖8-1），茶園日趨荒廢，損失之大，不難想見（陳和鄭，2003；黃，1954）。

圖 8-1　茶園土壤結構遭受雨水沖刷破壞（左）及茶根系暴露（右）。

臺灣夏季風強雨急，地質脆弱山坡地茶園土壤很容易流失（圖 8-2），據研究結果顯示各主要茶區不同深層表土遭流失後對茶園生產力的影響，當表土遭流失30 公分，生產力平均只剩下原有的一半。若以全臺灣土壤沖蝕率平均數每年 8.7 公釐，而坡地沖蝕率為平均數的 3.5 倍估算，大約僅需 10 年茶園生產力就會因表土流失而減半。不但如此，流失的土壤還會在河川下游流域造成淹沒或汙染等二次災害，因此，更顯現茶園水土保持作業之重要（陳和鄭，2003）。

圖 8-2　地質脆弱之山坡地茶園，土壤很容易流失。

四、茶園土壤侵蝕之種類

　　茶園土壤侵蝕之情形，因地而異，端視土壤性質，地面坡度緩急，雨量強度，風力大小及風季時間，耕作方式與植物覆蓋程度等因素，而有輕重快慢之分別。土壤侵蝕依其性質，可分為正常侵蝕與加速侵蝕兩種，前者在自然情形下，不致擴大，也不嚴重；後者經人為破壞，發生加劇侵蝕，日趨嚴重。茶園土壤侵蝕依其方式，可分為下列 5 種（黃，1954）：

（一）雨水直接侵蝕（direct rainfall erosion）

　　茶園缺少蔭蔽樹木或覆蓋作物，表土暴露，缺乏有機質，土壤又無黏著力，雨水自高空降落，茶樹樹冠不能遮蔽土面，攔住雨水打擊，斜坡上表土遭受打擊，土粒向四周飛濺，向上飛濺之距離近，向下飛濺之距離遠，故坡上表土，即漸次向坡下推動，堆積於坡下，遇有水流則易被沖去。

（二）層狀侵蝕（sheeting erosion）

　　雨水降落地面，最初多為滲透，經土壤中水分達到相當溼度時，一部分變為逕流，沿地表流失，如逕流流經坡度均勻，在光滑之地表上，細鬆土粒即浮游於水中，隨水流失，水中浮游最大者，可達 20 ％。此等逕流深度較淺，而且平均，表土常呈層狀蝕去，暴雨季節尤易發生此種現象。

（三）溝狀侵蝕（gully erosion）

　　若表土蝕失以後，心土組織常呈不均現象，鬆軟者遭受侵蝕變成小溝，硬者保持其原來之地形，於是地面呈樹枝狀之溝，遍布地面，水流逐漸向溝內集中，由小溝而匯於較大溝，即發生發生紋（rill），溝（gully）及谷（valley）等，是為溝狀侵蝕。

（四）乾侵蝕（dry erosion）

　　天氣乾燥，茶園缺少蔭蔽或護土之作物，土壤中水分易於過度蒸發，如表土所含之腐植質過低，則乾燥之土粒缺乏附著力，此種表面暴露過多之斜坡，泥團石塊自上流下，形成乾侵蝕之作用。此種作用，以斜度大而多石質之山坡上發生最多。

（五）堤土侵蝕（bank erosion）

凡路旁山洞，溝渠水道等，因缺乏植物之保護而發生沖刷現象者，則兩旁之土壤，亦受沖刷而增大山坡之斜度，地面之水流動，更不易調節，此種作用除非土壤附著堅固，否則難以制止。土壤長久暴露，經風雨與日光作用，忽寒忽熱，忽乾忽燥，在此劇烈轉變情形之下，則發生破碎與罅隙，故少有制止土面流失之力，而側路或溝坑之堤，多被颱風豪雨沖刷，即因此故。

五、影響茶園土壤侵蝕之因素

茶園土壤之被侵蝕，乃因土壤本身受到外力之干擾，其結構組織受到破壞之結果；或因利用失當，地力過度疲勞，導致土壤成分失卻均衡，造成流失之現象，因而引起之災害。其侵蝕因素甚多，如逕流之多寡，流速之大小，土壤之理化性質及地面覆蓋等，其中尤以逕流占最重要，故研究防止侵蝕，必先研究如何控制逕流。影響逕流之因子，不外流域之大小及流域之形狀；地勢之高低與坡度之陡緩；覆蓋地面植物種類之多寡；地面上有無天然或人工之排水溝，及下層土之透水性與地層組織之如何等因子，由上述因子歸納起來，可分為下列兩大項（黃，1954）：

（一）不能調節（控制）之因素

1. 氣候

在氣候要素中，直接或間接影響土壤侵蝕者，以降雨、風及溫度為主要。臺灣為高溫、多雨及多風地帶，開墾後茶圈之養分極易被淋溶（leach），變為貧瘠，特別以坡地茶園影響更甚，如遇豪雨打擊，表土更易沖蝕（圖 8-3），如不加以嚴密覆蓋，任其暴露，必增加土壤侵蝕之機會，導致茶樹生育不良，終究茶園荒蕪。

圖 8-3　坡地茶園遭受豪雨打擊，表土易被沖蝕（刷）。

2. 地勢

地面之坡度，影響逕流之速率甚大，凡坡度愈大，則水流愈速，因之土壤吸收雨水之機會愈小，逕流之速率亦愈大。茶園之坡度，不能用直接方法改變，但如欲對於逕流加以節制或使之減低，可開築橫溝（transverse channels）或設置階段茶園。在臺灣險峻地形之茶園，大多薄層石質土壤，臺灣之中、南及東部，高山縱列，兩側急斜，峰巒疊障，山地雨量特多，沖刷尤甚，侵蝕與崩塌所造成之山麓積坡或沖積扇形地，大多土質比較疏鬆，而欠穩固，如無適當保護，仍易繼續侵蝕，且面迎海風之坡地，更為風蝕進行之有利環境（圖 8-4）。

圖 8-4　臺灣險峻之地形（左），易遭受侵蝕與崩塌（右）。

3. 土質

表土質地與土壤和易性（workability）有密切關係，同時影響土壤之侵蝕，滲透及其他性質甚大。臺灣山地之岩層，多數性質脆弱，易於崩解（圖 8-5）。山區坡地茶園之地質，侵蝕確甚活躍，崩塌滑落現象，頗為常見。凡地層傾斜角度與坡向一致者易崩；反之，地層傾斜角度與坡向相背者，較不易崩。

圖 8-5　臺灣山地之岩層，性質脆弱易崩解。

（二）調節（控制）之措施

1. 森林及覆蓋物

茶園是否有茂密森林或其他覆蓋作物，對於土壤侵蝕之影響甚巨，林木茂盛之區，不僅涵養水源，減少蒸發，且可防護暴雨直接破壞打擊表土，增加地面阻力，減少逕流量及逕流率。茶園如無覆蓋物，則雨水直接打擊，足以使土壤表土沖刷流失（圖 8-6）。

圖 8-6　幼木茶園行間草生覆蓋（左），無覆蓋物（右）。

2.　耕作方式

　　高山傾斜地茶園，其株與株之間存有空隙，表土即易隨雨水自此空隙而沖散，為防止雨水自空隙沖散，宜將其改變為條式密植或雙行種植，減少空隙之存在，以杜絕其患（圖 8-7）。

圖 8-7　茶苗種植採雙行條式密植方式。

3.　其他

　　臺灣地區之茶園，皆為淋溶作用甚盛之土壤，即易使土壤發生沖刷。故其土地利用與茶園中耕除草方式、排水系統及方法等，均與水土保持有關。

六、茶園水土保持的特性與原則

茶樹對水土保持具有破壞者和保護者的雙面性。在保護方面，茶樹屬多年生木本植物，不須經常翻動土壤，且因耐陰性強，適合密植，根系頗為發達，成木後地表的覆蓋相當完密，故在斯里蘭卡有「茶樹為茶園最佳之覆蓋」一語；而在破壞方面，茶樹屬勤耕作物，每年須除草、施肥、噴藥與採摘、修剪多次作業，對表土物理性有不利影響，再者茶樹幼木期長達 3 ～ 4 年，而經常剪枝更使覆蓋常不完整。

針對上述特性，茶園水土保持除了應該把握一般原則依序考慮外，特別該強調的是茶園管理應配合水保需要，這是因為臺灣降雨期大多集中在 5 ～ 10 月，正值夏茶、六月白（第二次夏茶）和秋茶產季，除了白毫烏龍茶（又名膨風茶、椪風茶、東方美人茶）及紅茶外，對其他部分發酵茶而言，本季茶葉品質較差，農友們產製意願不高，為了調節產期，往往利用這段期間進行留養及剪枝作業，使茶園覆蓋度大減，若遇豪雨很容易導致土壤嚴重沖蝕。因此，在雨季應避免不必要的田間操作，並加強茶園地面保護。此外，幼木茶園地表敷（覆）蓋度低，又最需要照顧管理，常是土壤遭沖蝕最嚴重的時期，因此，特別需要加強水土保持措施（圖 8-8）。決定茶園水土保持方法，一般原則依序考慮如下（陳和鄭，2003）：

（一）在合理原則下妥善規劃茶園上之各種作業設施。

（二）避免雨滴直接衝擊地表，避免發生飛濺沖蝕現象。

（三）增加土壤抗蝕力。

（四）促使到達地表之雨水滲入土中，以減少地面逕流。

（五）增加地面粗糙率，降低地面逕流水之流速。

（六）地面逕流須妥善導入安全排水系統。

（七）對易發生沖蝕、崩壞之地點，應予加添適當保護措施，選擇各種安全排水處理。

▎ 圖 8-8　幼木茶園地表未敷蓋（左），茶行間有敷蓋（右）。

七、茶園水土保持之方法

根據茶園水土保持的特性與原則根據上述原則，茶園水保可採用工程、農藝及植生兩種方法，並以整體規劃設計來加強（陳和鄭，2003；行政院農業委員會水土保持局，2005；黃，1954；劉，2009）。

（一）工程方法

茶園常用之水土保持工程，包括構築平臺階段、山邊溝兩種園區處理；園區內道、作業道兩種道路處理；草溝、小型涵管兩種安全排水；坡地灌溉、蓄水設施兩種灌溉設施，以及其他因地制宜的配合處理。

（二）農藝及植生法

茶園常用之水土保持農藝及植生方法，包括等高耕作、山邊溝植草、臺壁植草、草帶法、覆蓋作物、敷蓋、綠肥及坡地防風等。

（三）坡地茶園之規劃

上列各種水土保持處理，各有其目的與效果，但任何單一處理均難以有效控制土壤沖蝕，而須因地制宜將若干種處理同時相互配合運用，才能相輔相成，達到水土保持之預期效果。

臺灣茶農戶平均耕作茶園面積約 1 公頃左右，以個別農戶茶園進行各種水土保持處理，其效果較有限，若結合鄰近茶園以整體規劃方式爭取辦理坡地規劃，才能

有效達成水土保持及改善經營環境的目的。茲將茶園幾種重要水土保持方法分別介紹如下：

1. **開設排水溝**

　　為防止茶園外之雨水流入園內，並防止園內雨水向他處流失，須設置合理排水溝。並須於園中設置水平溝及水潭，以防止園內雨水，一時向他處流失，藉以滯蓄，使其滲透。排水溝之設置，依地形地勢而不同，無一定形式，其設計之大小與距離，要以茶園所在地單位時間最大之雨量為標準（圖 8-9、10、11、12、13）。排水溝之形式，依一般而言，以魚骨形排水溝最為理想，所謂魚骨形排水溝者，乃以縱排水溝（主要水道）當魚骨之脊骨，而橫排水溝（次要水道）則當附於脊骨之各小骨，兩者合之，則其形宛如魚骨故名。

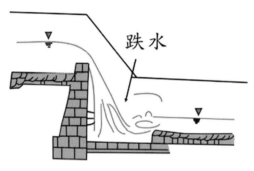

圖 8-9　跌水示意圖。

圖 8-10　跌水（溝渠坡度陡，水流速度過快，就會發生溝底沖蝕，在適當地點建造垂直落差，可以減緩流速，安定渠道）。

圖 8-11　L 型側溝（於坡地道路內側構築之 L 型混凝土排水溝，利於宣洩逕流，防止溝身及路基沖蝕，保護邊坡防止崩塌）。

圖 8-12　山邊溝（在山坡地每隔適當距離沿等高位置所構築之三角形淺溝，可減短坡長攔截逕流，減低沖蝕）。

2. 設置階段式茶園

傾斜地茶園，為防止表土流失，除設置各種適宜之排水溝外，即將茶園作成階段式（圖8-13）。階段茶園之階段幅員，雖因傾斜度之大小及土質之不同而有差異。幅員大者，固然在設置初期，所用勞力及費用較巨，但對於將來茶樹成園後之茶菁產量與品質頗佳。

圖 8-13　平臺階段（在坡面上每隔一垂距，沿等高方向，築成多個連續之水平或微斜階段）。

3. 種植防風林及蔭蔽樹

在茶園周邊種植林木，可以抑制風速，減少茶樹因強風造成之生理或機械傷害，且減少水分蒸散量（圖8-14）。茶園種植蔭蔽樹，除可減少烈日之照射，又可保土蓄水。

圖 8-14　茶園周邊種植防風林。

4. 茶樹種植方式

茶樹叢植與條植各有利弊，唯傾斜山地，採用等高線條式密植，可以利用茶樹本身枝幹，以防止表土侵蝕。茶樹成木後，注意樹冠修剪，擴大枝幹，使樹冠籠罩廣大之面積，不易受豪雨直接侵襲，使雨水力量減輕（圖 8-15）。同時因為茶樹根群形態與地上部呈對稱形勢，樹冠即已擴大，根部自亦擴張其範圍，細根與表土密切接觸，同時亦有保持水土之功效。

圖 8-15　擴大茶樹枝幹，使樹冠面積增加，避免遭受豪雨直接侵襲（左為機採茶園、右為手採茶園）。

5. 種植被覆作物或間作綠肥

茶園行間或階段茶園種植被覆性作物或間作綠肥（圖 8-16），非但可增進地力，防止旱季，又可防止土壤中分解後腐植質流散，亦可防止降雨時表土之流失，且因其根之伸長，可促致土壤膨軟，改良其理化性質，使雨水及空氣滲透良好；再利用鋤刈埋入土中，作為肥料，可增進土壤之有機質及氮素。尤其是在階段茶園之斜面或排水溝之兩側，種植被覆作物或綠肥作物，對防止土壤侵蝕效果甚佳。

▐ 圖 8-16　茶園行間種植草類（左）或綠肥作物（右：魯冰）。

6. 除草與敷蓋坡地茶園或階段式茶園

在中耕除草時，進行方向與斜坡方向垂直，在各階段上除草時，除注意方向外，在兩階段之斜坡面上，不可除草，否則易起表土侵蝕，階段易於損壞。茶園除草後將草敷蓋於行間，或敷蓋花生殼、蔗渣、稻草等，可除防止雜草繁茂，增加土壤中之有機質外，並可減少暴風雨侵襲表土之沖蝕（圖 8-17）。

▐ 圖 8-17　茶園除草後將之敷蓋於行間（左）敷蓋花生殼（右）。

7. 等高耕做法

栽植成行之茶樹，如依等高線種植（即行之方向為橫穿坡度）（圖 8-18），可截阻順坡而下之逕流，畦溝積蓄雨水，可增加土壤吸收水分之時間與機會，故等高耕作對逕流與沖刷皆可減低，反之，種植茶樹由上坡而下，則每行皆如同排水溝，逕流速率增大，土壤沖刷亦必嚴重。

▌ 圖 8-18　茶樹等高種植。

8. 工程方法

茶園施作平臺階段、山邊溝、石牆、截水溝、擋土牆、沉沙池等設施（圖8-19）。

▌ 圖 8-19　茶園邊坡施作砌石（左）或擋土牆（右）。

9. 生態工法（Ecotechnology）

係指人類基於對生態系統的深切認知，為落實生物多樣性保育及永續發展，採取生態為基礎、安全為導向，減少對生態系統所造成傷害的永續工程（圖8-20）。

圖 8-20　茶園排水系統採用生態工法—土袋溝（左）或草溝（右）。

10. 其他

　　暴風雨前不可中耕，中耕應由山下開始，逐漸而至山頂（圖 8-21），暴風雨後，須注意整理排水及堤岸與防風林。

圖 8-21　茶園中耕應由下而上。

八、結語

　　全球暖化效應使得平均溫度上升，而溫度增量帶來包括海平面上升和降雨量及降雪量在數額上和樣式上的變化，這些變動也許促使極端天氣事件更強更頻繁。而其所造成的氣候異常變遷，使得我國降雨模式亦逐漸改變，頻繁的「強降雨」更造

成山區土石的崩塌現象，不僅農業生產環境受到威脅，更危及人們的生命財產（行政院農業委員會水土保持局，2005）。

　　臺灣的茶園大部分位於山坡地或高海拔地區，不要因爲要喝高山茶，在不合法土地上種植茶樹，繼而破壞水土保，且面對氣候異常變化，更須在事前就做好各項完善的水土保持措施，讓茶園之邊坡能夠和強降雨之侵蝕相互抗衡，以維護農民生命財產之安全，保持優良的茶園生產環境，並確保山坡地茶園的持續性生產。

九、參考文獻

1. 行政院農業委員會水土保持局。2005。水土保持手冊。行政院農業委員會水土保持局和中華水土保持學會。

2. 陳玄、鄭瑞漢。2003。茶作栽培技術。行政院農業委員會茶業改良場。

3. 黃泉源。1954。茶樹栽培學。臺灣省農林廳茶業傳習所。

4. 劉熙。2009。茶樹栽培與茶葉初製。五洲出版社。

09

茶園開墾與種植

文圖／劉秋芳、邱垂豐、黃惟揚

一、前言

　　茶樹為多年生作物，主要採收嫩芽葉，茶樹定植後短則 10 年，長則 50 多年才會更新種植，經濟生產年限很長。因初期回收利潤較晚，一般需 3 年以上才開始經濟量產，投資費用頗大。是故良好的茶園規劃及建設可確保茶葉產量及品質，並使後續的管理工作有效率；反之，降低工作效率，甚至影響茶樹生長造成減產或品質降低。因此，創建茶園應先釐定長遠的茶園經營目標，擬訂栽培營運計畫，審慎評估及規劃，才能有高產、優質、穩產及永續的茶園。

二、茶園選擇

（一）氣候

　　茶樹為常綠灌木或喬木，茶樹喜歡溫暖潮溼環境，全球生產茶葉的國家分布在北緯 43 度至南緯 33 度間，主要產區則以北緯 6 ～ 32 度最為集中。臺灣本島從南到北，海拔從平地至 2,000 多公尺均能栽種，但其生長勢、產量與製茶品質，與各地氣候環境如氣溫、雨量、光照、溼度、風霜、雲霧等均有密切的關係。

1. 溫度

　　氣溫為影響茶樹生長重要因素，茶芽生長的最低日均溫為 10 ℃，隨溫度的升高而生長加快，當氣溫低於 10 ℃，茶芽生長停滯，開始進入休眠；最適宜生長的溫度為 18 ～ 25 ℃，茶葉產量及品質良好； 25 ～ 30 ℃生長旺盛，但茶芽葉易粗老（纖維化）；大於 35 ℃以上，茶樹生長便會受到抑制。

　　大葉種茶樹的葉片角質層較薄，柵狀組織只有 1 層，而且細胞排列疏鬆，氣孔數目較少，氣孔的保衛細胞較大，較適合在高溫多溼的環境生長，但較不耐寒；小葉種茶樹葉片角質層較厚，柵狀組織有 2 ～ 3 層，單位氣孔數較多，氣孔的保衛細胞較小，可減少蒸發量，可提高耐寒性（鄭，1963）。臺灣海拔 1,500 公尺以上茶區，春茶及冬茶常因有低溫（霜害、凍害）危害，在茶園可設立防霜風扇以減少損失。

2. 水分

　　茶樹雖然為耐旱作物，當氣溫已達到萌芽所需的累積溫度時，但降雨不足或

乾旱時，常會造成茶芽萌發停滯的情形，因此，水分（雨量）亦是決定茶樹生長的主要因素。一般年降雨量需 1,500 ～ 3,000 公釐，且雨量分布要均勻；相對溼度在 75 ～ 80 %，土壤相對含水量 70 ～ 90 %（李，2004），最適宜茶樹的生長。年雨量較少地區，但早晚有雲霧籠罩，溼度經常保持在 80 % 左右，亦頗適合種茶；近年來因氣候變遷年降雨量分布不均或少雨，中南部茶區易在春季及冬季發生乾旱，北部和東部茶區容易發生在夏、秋季，造成一定程度的損失（圖 9-1）（林等，2007）。如溼度過大則對茶樹反而有害，容易罹病及在枝幹上有寄生植物附生，而影響茶樹生長（圖 9-2）。

圖 9-1　乾旱造成茶樹的損失。

圖 9-2　溼度過高造成寄生植物附著在茶樹枝幹，影響茶樹生長。

3.　風

　　強風不利茶樹生長，尤以大葉種影響較大，濱海地區有強風亦不適宜種茶。花東地區發生焚風危害之季節，多發生於夏茶季節，焚風吹襲會對茶芽葉緣、葉尖及節間造成乾枯燒焦狀，茶芽生長也較緩慢，影響製茶品質（鄭，2002）。

4.　光照

　　茶樹喜歡全日照，忌強烈直光，喜歡散射光，故高海拔雲霧造成散射光有利茶葉品質的提升。茶樹日光合作用呈雙峰曲線，上午 9 ～ 11 時和下午 3 ～ 4 時是高峰，中午出現低谷；一年中的變化呈單峰曲線，春、夏、秋季呈現由低、高、低的變化。光質亦影響茶樹的光合作用效率，在相等光量照射下（ 400 ～ 700 nm），

茶樹葉片淨光合速率依次爲紅光、藍光、黃光、白光、綠光（金和駱，2002）。

（二）土壤

茶樹生長要求土層深厚，土層厚度應超過 0.8 公尺，耕作層厚度至少 45 ～ 50 公分。土壤排水、透水性好，土質疏鬆且養分、有機質豐富，pH 值 4.0 ～ 5.5（楊，2005），土壤含鈣量 400 毫克 / 公斤以下，地下水位在 1 公尺以下，尤其是水田轉作的土地，具不透水的硬盤土層（犁底層），在開墾時應以怪手機械給予挖破，以利透水。中、鹼性或含鈣量太高（大於 800 毫克 / 公斤）的土壤均不適於茶樹生長。

（三）地形

選擇向陽全日照之平地或地勢較緩的山坡地（仰角 ≤ 28 度）較爲適宜。

（四）交通

茶園交通的方便與否，對茶園經營成本有很大的影響，尤其是高海拔地區交通不易，將造成肥料、農藥、採工等作業成本的增加。且高海拔地區通常伴隨高溼度，雲霧繚繞，會增加製茶難度，故製茶廠通常會配置空調設備以穩定製茶品質。

三、茶園規劃

根據地形、地貌規劃，維持生態環境，合理布局，有利於茶園的管理操作及永續經營。

（一）道路

考慮物資運輸便利，方便機械化作業，茶園主道路除應與附近公路相連接外，茶園內也應設置作業道，路面寬約 1.5 ～ 2 公尺（安，2019），依地形於茶園周邊或每隔 50 公尺設置一條作業道，道路間最好能相連。

（二）灌溉系統

受到氣候變遷的影響，降雨分布愈來愈不均勻，茶樹也面臨乾旱的問題。因此，茶園必須要配置水塔或蓄水池，每公頃至少配置 40 公噸以上蓄水量，以補充降雨不足時生長所需（胡等，2021）。地形起伏較大的區域可選擇噴灌設施；平緩

地則可採用低壓 PE 穿孔管或以色列水帶進行滴灌，較為省水有效。

（三）排水系統

平地茶園設置排水管路，防止積水；山坡地可設置山邊溝、排水溝、跌水等設施，防止土壤沖刷。

（四）種植區

種植區長度 30 ～ 50 公尺為宜，若採大型機械化管理，頭尾應預留 2.5 公尺寬作業空間，以利迴轉。

（五）其他

依現況及需求設置如農機具室、資材室、防風帶、綠帶、緩衝帶等等。

四、茶樹品種及健康茶苗選擇

（一）茶樹品種選擇

茶樹品種選擇主要依市場需求及各茶區的氣候環境而定。適製綠茶品種有青心柑仔、青心大冇及臺茶 17 號等；適製條形包種或球形烏龍茶品質以青心烏龍、四季春、青心大冇、臺茶 12、13、20 及 22 號為主；適製東方美人茶（椪風茶）以青心大冇、臺茶 12 及 17 號等；適製鐵觀音茶以鐵觀音、硬枝紅心、臺茶 12 號等。適製紅茶的品種有臺茶 1、8、18、23、24、25 號、阿薩姆、山茶及小葉種茶樹等；適合生產商用茶以臺茶 1、12、17 號和四季春等品種（圖 9-3）。

圖 9-3　茶樹種類：小葉種（左）大葉種（中）山茶（右）。

（二）健康茶苗選擇

茶苗之健康影響快速成園及茶菁品質，良好健康茶苗應具備以下條件（圖 9-4）：

1. 茶樹品種應純正，沒有混雜其他品種。
2. 生長勢強，枝條及葉片完整無缺者。
3. 無病蟲感染現象。
4. 根系完整無盤根現象。
5. 茶苗生長良好、根系多、一年生高度達 30 公分以上。

圖 9-4　健康茶苗。

五、茶園開墾

　　農村勞動力不足，茶園耕作將以省工栽培爲主，目前在平地已有乘坐式採茶機或剪枝機等機具，逐漸取代手持式雙人採茶機或剪枝機，唯臺灣茶園坡地面積仍高於平地，不適宜大型機械進入茶園，但仍需考慮小型機械及人爲操作之便利，才能將茶園管理得當，永續經營。

（一）平坦地茶園的開墾

　　自整地、劃區至開種植溝，應採用大型或中型開墾機械操作，以節省開發成本，而且耕犁深度應達 60 ～ 70 公分以上，使心土充分翻動（圖 9-5）。如水田轉作茶樹時，必須打碎不透水的硬盤土層（犁底層），才不致發生積水，必要時可設置明溝或暗渠以利排水；舊有茶園更新，宜有 1 年以上的休養，可種植綠肥作物以恢復地力。

圖 9-5　大型或中型機械茶園整地操作。

（二）山坡地茶園之開墾

　　山坡地坡度小於 10 度者，可等高種植（圖 9-6）；坡度大者宜做平臺階段種植（圖 9-7），階段的大小隨坡度而異，坡度愈大者畦幅宜愈小，並應注意水土保持工作，依照地形、坡度、坡面設置排水溝、作業道、山邊溝等。依照「山坡地土地可利用限度分類標準」，宜農牧地只能在淺層（土壤有效深度 20 ～ 50 公分）五

級坡（ 40 ～ 55 ％）以下種植多年生作物，超過甚淺層五級坡以上之坡地（仰角約 28°）已超限利用，不宜再種植茶樹。

▌ 圖 9-6　等高種植。

▌ 圖 9-7　平臺階段種植。

（三）開挖種植溝

　　為配合機械化耕作，行距以 150 ～ 180 公分，行長 30 ～ 50 公尺為宜，可配合茶園地形而加以調整，平坦茶園便於機械化作業，行距可設置在 180 公分，行長 50 公尺，雙行種植，作業較有效率；種植溝盡可能採取南北向，使日照平均，溝寬 30 ～ 35 公分和溝深為 30 ～ 50 公分（圖 9-8）；可先於溝底施用腐熟有機質基肥至少 20 噸／公頃，再覆蓋上一層表土，經 20 ～ 30 天後種植，若種植溝不施用基肥，則以隨挖隨種為宜（圖 9-9）。

　　在地勢較低或水田轉作茶樹時，可視地形、排水情況決定是否開溝種植，較不易排水田區甚至需要墊高土面或做畦種植。

圖 9-8　茶園整地規劃行距 150 ～ 180 公分、行長 30 ～ 50
公尺、溝寬 30 ～ 35 公分、深度 30 ～ 50 公分。

圖 9-9　溝底施用腐熟有機質基肥（左），再覆蓋表土（右）。

六、茶樹種植

（一）種植時期

　　每年 11 月至翌年 3 月下旬間為下雨時期均可種植，但臺灣茶區從北到南種植期稍有不同，東部和南部茶區應於 11 ～ 2 月種植為宜，3 月後因白天日照強、氣溫高，幼苗容易枯死。中部茶區冬季為旱季，若無灌溉設備，可延後至梅雨季節種植；北部及高山茶區因氣溫較低，配合下雨時期，可延至 3 月底前種植。

（二）種植株距

　　茶樹單行定植，其株距 40 ～ 50 公分，每公頃約 12,000 ～ 14,000 株茶苗；若採雙行植，上下株距 40 ～ 60 公分，水平株距 25 ～ 35 公分，每公頃約需 20,000 株（圖 9-10），雙行植雖然在成株（7 年）後產量與單行植茶異不大（楊，1983），但於定植初期可快速成園，農林公司在屏東老埤農場的產量紀錄中，2 年生臺茶 12 號採收 3 李茶菁，雙行植產量為單行植的 2.5 倍，3 年生採收 5 季茶菁產量為 1.4 倍，4 年生採收 6 季茶菁產量為 1.3 倍；另外一旦缺株時較不需補植。茶樹實際種植距離，可依下列因素而調整：

1. 品種

　　大葉種如 8 號及 18 號種植的行株距較小葉種可增加 10 ～ 20 公分。橫張型品種如臺茶 12 號、17 號等，可較直立型品種株距稍寬 10 ～ 20 公分。

2. 土壤

　　土壤理化性良好及肥沃地區，定植株距可稍寬，瘦土區宜稍密。

3. 氣候

　　寒冷地區的定植距離可稍密，溫暖地區宜稍寬。

4. 製茶種類

　　製造紅茶或綠茶的品種，定植距離可稍密，製造部分發酵茶的品種宜稍疏。

▌ 圖 9-10　茶苗種植單行（左）或雙行（右）。

（三）種植方法

　　種植前灌溉管線應先備置，土壤先澆灌或選擇下雨後土壤呈現溼潤後再定植；定植時為防止茶苗水分蒸發過快，可先將苗株修剪至高度約 30 公分，再輕輕割除塑膠袋，盡量維持土球與根系的完整，直接置於茶溝中央，一手握苗之上部，一手用種植鏟或小鋤頭將溝旁之溼潤碎土填入根系周邊，用手或腳稍加壓實（圖 9-11），至幼苗不易拔起為止，最後再用鬆土覆蓋一層即可（圖 9-12）。目前亦有植茶機替代人工種茶，工作效率高，省工、省時及省成本（圖 9-13）（黃等，2019）（黃等，2021）。

　　為防止乾旱、雜草發生及保護幼苗，於幼苗兩側敷蓋花生殼、蔗渣、稻草等資材，厚度約 3 ～ 5 公分。茶行間為防止雜草發生，亦可覆蓋雜草抑制蓆（圖 9-14）或種植魯冰、田菁、紫雲英、大豆等綠肥作物。

▌ 圖 9-11　茶苗種植時用手或腳稍加壓實。

圖 9-12　種植完畢後，將茶行兩旁土壤覆蓋幼苗基部。

圖 9-13　植茶機械。

圖 9-14　幼苗兩側敷蓋花生殼，茶行間敷蓋雜草抑制蓆。

（四）茶園大型機械作業建置規範

為配合大型機械作業（如乘坐式採茶機），茶園建置要求較嚴苛，機器才可以進入茶園作業，建置規範整理如下（黃等，2017）：

1. 種植行距

雙行植茶樹行距 180 公分，單行種茶樹行距 160 公分，以利乘坐式除草機作業。

2. 機械迴轉空間與道路寬度建議

迴轉空間與道路設計至少有 2.5 公尺（圖 9-15），以利機器迴轉與大型機械在

茶園邊上下貨車，避免有其他障礙物影響迴轉作業（如電線桿）。

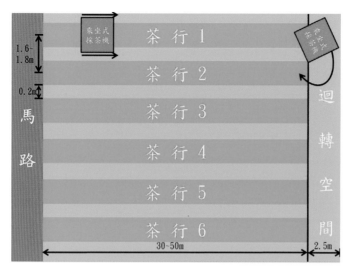

圖 9-15　大型機械作業之田間迴轉空間與道路寬度。

3.　茶園地形限制

大型機械作業斜坡角度上限為 15 度，地面高低落差之駁坎不能超過 10 公分（圖 9-16）。

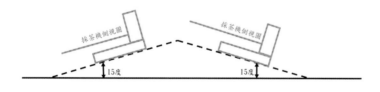

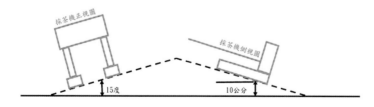

圖 9-16　大型機械作業地形限制。

4. **灌溉設備注意事項**

灌溉設備之管路需埋在地底，不可直接建置在地面上（圖 9-17），否則會影響大型機械進入茶園作業。

▌ 圖 9-17　灌溉設備管線應設置在地底或採茶前拆除。

5. **大型機械搬運需 3.5 噸貨車搬運**

部分大型機械不能在道路行駛（如乘坐式採茶機），故需要 3.5 噸的貨車搬運大型機械。

6. **茶園與道路間不可有障礙物阻礙機械進出茶園（圖 9-18）。**

▌ 圖 9-18　駁坎影響大型機械進出。

七、結語

　　茶樹為多年生葉用作物，定植後可維持數十年經濟生產，唯初期回收利潤較晚，需經過 3 ～ 4 年才能開始經濟量產，投資費用頗大，對於新墾或更新茶園之經營，宜慎加考慮。欲從事茶葉生產工作，應先釐定長遠的茶園經營目標，擬定栽培營運計畫，審慎評估，始可進行茶園開墾與種植，以確保經營成功。

八、參考文獻

1. 安琴華。2019。沿河縣山地茶園建設與幼齡茶園管理技術。農技服務 6(6):75。

2. 林木連、謝靜敏、陳玄。2007。茶園農業氣象災害與因應策略。作物環境與生物資訊 4:35-40。

3. 李淑美。2004。水分對茶樹所造成生理障礙。植物保護圖鑑系列 4—茶樹保護。pp. 119-120。行政院農業委員會動植物防疫檢疫局。

4. 金洁、駱耀平。2002。茶樹光合作用研究進展。茶葉科學技術 1:1-5。

5. 胡智益、劉秋芳、羅士凱、蘇彥碩。2021。茶樹異常氣候之調適作為。作物生產與農業災害防範研討會 pp.107-132。行政院農業委員會臺中區農業改良場。

6. 黃惟揚、劉天麟、葉仲基、林和春。2019。半自動植茶機研究與改良。生機與農機學術研討會 pp.22-24。

7. 黃惟揚、劉天麟、蘇宗振、吳聲舜。2021。茶園育苗機械及植茶機械之研究與改良。農政與農情 354:117-120。

8. 黃惟揚、巫嘉昌、林和春、蘇彥碩、劉銘純、張振厚。2017。乘坐式採茶機械在平地茶園應用。茶情雙月刊 89:1-4。

9. 楊盛勳。2005。茶園開墾與種植。茶作栽培技術修訂版。pp.21-24。行政院農業委員會茶業改良場。

10. 楊盛勳。1983。茶樹定植方式試驗。臺灣茶業研究彙報 2:41-46。

11. 鄭混元。2002。焚風對茶樹生育影響級因應防災措施之研究。臺灣茶業研究彙報 21:11-32。

12. 鄭瑩芳。1963。茶樹耐寒性的形態和解剖學特徵的研究。茶葉通訊 1:13-16。

10

茶園田間管理

文圖／劉天麟、劉秋芳、邱垂豐、戴佳如、胡智益、蔡憲宗

一、前言

　　茶樹為長期作物，為維持茶樹正常生長發育與生產，需要適度從土壤、雜草、茶樹營養及水分等面向進行栽培管理，包括如中耕管理、覆蓋與敷蓋、茶樹營養與施肥及茶園灌溉等。

　　中耕管理係指鬆土與除草，可達到疏鬆土壤增加透氣性與透水，並使施用之肥料進入土層中，減少逸散或沖蝕而損失；覆蓋與敷蓋乃藉由種植非目標植物（如綠肥或植被植物）或鋪設資材（如花生殼或塑膠布）於茶樹外露出之地表（如走道），可達到抑制雜草生長、減少土壤沖蝕及保持土壤水分等功能；茶樹營養與施肥為介紹茶樹生長發育所必需之營養元素，並說明茶樹營養診斷方式及建議施肥種類及方法；茶園灌溉則介紹臺灣茶園常見之灌溉方法與設備。以下各節，茲就前述內容如列介紹。

二、茶園中耕管理

　　茶園因進行各項管理工作，如修剪、採收、除草、噴藥與施肥等等，茶行走道的表層土壤因經常性的走動與機械輾壓逐漸呈現密實，猶如形成緊密的土層覆蓋於茶園，不但影響水分的入滲也降低了土壤的通氣性，因此，需要適當的鬆土以打破此種障礙。

　　此外鬆軟表土，可增加表土通氣性、透水性，配合施肥時可將肥料覆蓋，減少肥分逸失；又如遭遇乾旱期，疏鬆的表土可減少土壤中水分的蒸散（施，1992）。因此，中耕管理為茶園重要之工作，其主要功能與作用介紹如下。

（一）茶園中耕的功能

1. 改善土壤通透性

　　茶園表層土壤因經常性輾壓而逐漸密實，影響水分及空氣的通透與交換，透過中耕翻土可鬆動表土，使水分容易入滲進入底層並降低逕流，同時增加表土孔隙與增進土壤中的氣體交換，利於植物根系與微生物呼吸，促進茶樹生長及有機質的分解；另一方面，表土耕犁後，上下土層孔隙間的毛細管作用被打斷，因此，可減少

乾旱時底層水分往表層移動，進而減少土壤中水分的蒸發。

2. 防除雜草

以中耕機將表土翻動，可將行間雜草斬斷並覆蓋於底層，可有效除去與抑制雜草生長。

3. 施肥覆土

茶園撒施肥料後，可以中耕機進行淺耕，使肥料與土壤攪拌並覆蓋於土裡，可減少肥料逸失，提升施肥的效益。

4. 促進根系生長

中耕除草可截斷老弱根系，促進新根及地上部之生長發育正常，新生根有較多之根毛（圖 10-1），可提高肥分及水分的吸收。

▌ 圖 10-1　茶樹新生根系具備許多
細小根毛。

（二）耕作注意事項及機具

1. 耕作的時間

中耕除草宜選擇晴天或雨後土壤稍乾燥時進行，茶園土壤如係紅土，宜在雨後 3 ～ 5 天土壤不黏機具時作業爲宜。若遇長期乾旱，耕作時機械阻力大，將降低工作效率；土壤過溼時，耕作容易破壞土壤結構，耕後土壤更緊結。除草必須將草根清出，再經日光曝曬 3 ～ 4 日才會乾枯死亡。

2. 耕耘之深淺

連日大雨及久旱僅能實施淺耕，以免破壞土壤結構；又幼木茶樹中耕宜淺，茶樹周圍之雜草只能用手拔除，以免傷及根莖。成木茶樹中耕宜深，成木茶樹行間都有根系分布，行間耕作過深，耕幅過寬，會使茶樹根系受到較多損傷，由於根系恢復、傷口癒合和生長新根需要消耗大量的水分及養分，因而影響茶樹的生育、芽葉的分化與發育，會造成減產。一般成木茶樹行間耕作以深度不超過 30 公分，寬度不超過 40～50 公分，即行間可進行深耕，茶樹根際兩旁宜淺耕為宜。

3. 傾斜地茶園耕耘方向

傾斜地茶園耕耘須與斜地面之方向垂直進行（即平向耕作），不可由上而下順坡耕作，以免造成表土沖刷、養分流失。階段茶園則宜在階段面採用完全除草，臺壁和水溝的雜草可用鐮刀或動力割草機割除，但仍須保留草根，以利水土保持。

4. 中耕之器具

山地茶園因地勢崎嶇不平，中耕多以鋤頭為之。目前茶區人力缺乏，一般行距在 140 公分以上之緩坡地茶園，都可用機械作業（圖 10-2、圖 10-3），以節省勞力，降低生產成本。平地茶園以使用 8 馬力柴油引擎耕耘機最適宜；緩坡地或面積小的茶園，則以使用 5～7 馬力汽油中耕除草機為宜，坡地及階段茶園則宜使用獨輪輕便型中耕機。

▌ 圖 10-2　曳引機附掛犁刀頭鬆土。

▌ 圖 10-3　中耕管理機。

三、茶園覆蓋與敷蓋

　　茶樹為多年生作物，在管理良好的茶園，相鄰兩行成木茶樹之樹冠面幾乎可以相接，樹蔭可完全遮蔽地表，且根系發達，可減緩雨水直接沖蝕地面及減少土壤流失，是一種良好的水土保持作物。但茶樹幼木期長達 3 ～ 4 年，樹冠未長成前，或經台刈之茶園尚未恢復前，地表裸露面大，尤其臺灣茶園多栽植於丘陵臺地和山坡地，水土保持工作更加重要，覆蓋（cover）及敷蓋（mulch）對於茶園具有一定功效，亦是水土保持的重要方法之一（圖 10-4）。

圖 10-4　茶樹行間敷蓋花生殼可防止雜草生長，也能減少土壤流失。

（一）覆蓋

　　植物生長於土壤之上，可減少雨水對土壤之沖蝕稱之為「覆蓋」，而這些植物（包括草類、灌木及喬木等）稱之為「植生」（cover plant），茶園可利用茶行間種植綠肥作物或草生栽培作為植生覆蓋（圖 10-5），說明如下：

1. **功效**
　　⑴防止地表沖刷、崩塌：茶園行間或臺壁植生草類覆蓋後，草類根系可深入土中網結土壤，穩固土層，防止地表層沖蝕與崩塌。
　　⑵減輕洪害：坡地茶園之臺壁或茶園行間植生草類覆蓋後，可減少地表逕流，

減緩流速，減輕洪水量，減少沖蝕。

⑶涵養水源：茶園植生草類生長勢強時，可割草並敷蓋在茶行或茶樹根際兩旁，待草類植體腐爛後埋入土中，可增加土壤有機質，改善土壤團粒結構與肥力，同時因土壤孔隙多，團粒結構佳，透水性強，保水保肥力佳，且涵養水源。

⑷改善土壤物化性質：

A. 調節土溫：間作綠肥的茶園在夏季時明顯較淨耕表土和底土溫度低（巫和朱，1996b）。

B. 改善土壤硬度：茶樹經長時間栽種後，受自然環境與耕作習慣之影響，土壤壓實而變得緊密，若不進行中耕，會造成通氣不良、茶樹根系生長受阻，影響水分與養分吸收。間作深根綠肥如田菁、太陽麻等根系較粗且深，可改善土壤硬度效果較淺根性綠肥為佳（巫，1995a）。植物死亡後殘體可增加土壤有機質含量，促進土壤團粒形成。

C. 減少土壤水分蒸發：避免陽光直射土壤，水分蒸發較慢，可降低乾旱危機（鄭，2001）。

D. 改善土壤肥力：植生殘體為有機質來源之一，增加土壤保肥力，並提供部分養分，增加肥料供源，促進茶樹生長。如茶園春茶採收後，行間種植田菁、太陽麻等綠肥作物，可增加有效磷含量、降低鈣含量（巫和朱，1996a）；間作苕子可增加底土 pH 值、有機質及礦物元素含量（楊等，2002）。

⑸植生殘體提供土壤中微生物所需的碳源，可增加土壤微生物多樣性。

⑹抑制雜草生長：不論種植草類或綠肥作物，均可抑制雜草生長。茶園間作田菁、太陽麻和青皮豆等植物較淨根處理組明顯減少雜草生育量，進而減少人工除草和殺草劑使用（巫，1995b）。

⑺改變茶園微氣候：在春茶採收後種植田菁、太陽麻和青皮豆等夏季綠肥作物，茶樹間植綠肥作物期間，樹冠日照強度、葉片溫度及土溫均有明顯下降（巫和朱，1996b）。

⑻改善茶葉品質及產量：春茶採收後種植田菁、太陽麻和青皮豆等夏季綠肥作物，對於夏茶品質有改善效果（巫和朱，1996b）；在臺東茶區種植百喜草，

可提升臺茶 12 號春茶至六月白的製茶品質（鄭，2001）；茶園間作多年生花生、大葉爬地藍可增加茶樹產量（陳等，2006a；陳等，2006b）。

(9)綠美化環境：茶園種植魯冰，可美化自然景色，增加遊憩場所。

█ 圖 10-5　茶樹行間草生栽培可作為植生覆蓋。

2. **植生方法**

(1)直播：將所需的植生種子直接播種於茶樹行間或坡面上，待其萌芽生長以後，其覆蓋地表或護坡的功效，不至於讓土壤流失。

(2)草莖栽植：在適當距離種植草莖，以覆蓋地表或坡面上，可防止地表沖蝕。

(3)草皮鋪植：將草皮移植至茶園需要之處，覆蓋地面，可防止表土沖刷。

(4)自然養成：讓茶行間雜草相互競爭，多次刈草後形成草生狀態。

3. **茶園用植生種類，依其用途可分為草生栽培及綠肥作物**

(1)草生栽培：主要以覆蓋土壤，抑制雜草為主，故作物種類應以低矮莖、耐踐踏、多年生、耐旱的方向進行選擇，適宜茶園栽種的種類如下：

A. 百喜草：屬多年生禾本科雜草，草長高後可割取敷蓋於茶行間或茶樹兩旁。

i. 大葉種（寬葉）：葉片色澤深綠，株高約 50 公分左右，節間短，具匍匐性，根系發達約 100 公分。可用扦插方式種植，於每年 4 ～ 10 月採取健壯莖，長約 15 ～ 20 公分作為插穗或採分株法，種植行株距為 30 × 20 公分；採穴植法，每穴約 2 ～ 3 枝。

ii. 小葉種（細葉）：葉片色澤淡綠，直立性，根系發達，採用種子播種。首先將已除去外穎之種子，於播種前以 40 ～ 50 ℃左右的溫水浸泡 12 小時以上，以提高發芽率。最好在雨季前播種，每平方公尺用量約 10 公克。

B. 類地毯草：多年生禾本科植物，葉片色澤深綠，匍匐性，株高 40 公分左右，耐寒性強，可用匍匐枝扦插法、草皮鋪設法或種子播種法；播種時每平方公尺種子施用量約 10 ～ 15 公克，播種期及方法同百喜草。生育期中於春、夏 2 季，每平方公尺施用臺肥 43 號約 0.05 公斤，當草長高後可割取敷蓋於茶樹行間或兩旁。

C. 黑麥草：多年生或一年生禾本科植物，葉片色澤為綠色，為束狀生長之草類，一般株高達 50 ～ 60 公分左右，播種時可將種子撒播於茶樹行間，每公頃種子量約 8 ～ 10 公斤，播種期為每年 10 ～ 12 月有冬雨之季節，適合中南部或高山茶區冬季栽種。生育期中每公頃可施 50 ～ 100 公斤之氮肥。幼木茶園行間種植黑麥草時所撒播之種子，勿太過於接近幼木茶樹，以免黑麥草成長後妨害到茶樹生長。

D. 多年生花生：又稱蔓花生，學名（*Arachis pintoi* Krap. & Greg.），英名為 Amarillo 或 Pinto peanut，原產於巴西，而後傳至澳洲及東南亞。多年生花生新鮮種子具有休眠性，播種前先以 35 ～ 40 ℃處理 10 天，方可打破休眠。多年生蔓花生植株根系極為發達，主根強健，根系間有根瘤菌共生，可固定空氣中氮。蔓花生具有匍匐莖及地下莖，剛種植時莖會先匍匐生長，而後直立生長，形成厚度約 20 公分之緻密草皮。一般種植後約 3 ～ 6 個月可以形成草皮（圖 10-6）。因蔓花生種子產量低且具休眠性，未經處理發芽率極低，故多以扦插莖段繁殖為主，可直接在茶行間鬆土後撒播匍匐莖，莖長約 15 至 20 公分，再覆土或直接扦插種植，行距約 20 公分，株距約 15 公分，較適合於晚春至早夏溫暖季節進行種植（吳，2010）。北部茶區因冬季低溫會造成地上部枯萎，但至翌年春天地下莖會再重新萌發莖葉。

⑵綠肥作物是將其新鮮的植體，翻犁入土壤中作為肥料或用來改善土壤理化性質。因此，推薦以固氮效果較好的豆科作物為主，其種類如下：

A. 魯冰：又稱為羽扇豆，屬於豆科植物之羽扇豆屬（*Lupinus* spp.），為一年生或多年生直立性草本植物，原產於地中海沿海、北美、南歐，性喜溫和涼爽氣候。最適合在臺灣茶園生長的為黃花魯冰（*L. luteus*），一年生，為臺灣主要栽種於北部茶園之冬季綠肥作物，其固氮能力及新鮮莖葉產量均高（圖 10-7）。在民國 50 年代（1961），曾經達 8 千多公頃之種植面積。

茶園可在冬茶採收或茶樹修剪後再播種，尚未採收的幼木茶園可提早至 10 月播種。首先於茶行間用中耕機耕犁鬆土，再撒播種子，覆土約 1 ～ 2 公分，每公頃種子用量約 15 ～ 30 公斤。翌年 2 ～ 3 月間即為開花盛期，植株可割取作為敷蓋置於茶行或茶樹根際兩旁，此外亦可充當綠肥直接耕犁翻入土中。若配合茶樹冬季修剪（12 月分）完畢後再播種，翌年春茶採收前耕鋤，因其生長期較短，魯冰鮮草量較低，則可延至夏茶採收前再耕鋤，則鮮草量可提高至 11,985 公斤／公頃，可提供的氮肥量約 60 公斤（表 10-1）（劉等，2017）。魯冰種子價格昂貴，每公斤約 350 元，亦可自行採種，以節省種子費用。

▌ 圖 10-6　幼木茶園茶行間種植多年生花生（蔓花生）。

▌ 圖 10-7　茶園種植魯冰兼具綠肥及觀賞功能。

▼ 表 10-1　各季綠肥作物生長量

季別[註1]	綠肥種類[註2]	綠肥鮮重 （公斤／公頃）	綠肥提供的氮肥量 （公斤／公頃）	綠肥種子用量 （公斤／公頃）
第 1 季 （冬播夏埋）	TN3	4,561 ±1,115	41.6 ± 12	60
	TN7	4,907 ± 1,342	39.4 ± 4.5	30
	魯冰	11,985 ± 2,220	60 ± 19	30
第 2 季 （夏播秋埋）	TN3	18,157 ± 1,590	115.9 ± 20.5	60
	TN4	14,751 ± 1,542	60.7 ± 11.3	30
	TN7	17,329 ± 2,506	78.8 ± 6.4	30
	KSS10	14,960 ± 2,536	77.8 ± 12	90
	田菁	29,561 ± 3,890	149.1 ± 21	20
第 3 季 （秋播冬埋）	TN3	757 ± 71	4 ± 0.4	60
	TN4	219 ± 82	1.6 ± 0.6	30
	TN7	332 ± 101	2.2 ± 0.7	30
	KSS10	774 ± 156	4.7 ± 1	90
	田菁	305 ± 64	2.6 ± 0.1	20

註 1：第 1 季：103 年 12 月 30 日播種，104 年 5 月 6 日耕鋤；第 2 季：104 年 6 月 15 日播種，
104 年 9 月 15 日耕鋤；第 3 季：104 年 9 月 18 日播種，104 年 10 月 16 日翻耕。

註 2：TN3 臺南 3 號黑豆、TN4 臺南 4 號青皮豆、TN7 臺南 7 號綠肥大豆、KSS10 高雄選 10 號大豆
（劉等，2017）。

　B. 田菁：為熱帶一年生草本植物，莖直立，高約 130 ～ 200 公分。根群發達，
喜稍溼潤溫暖氣候，耐溼、耐鹽，尤以溼潤砂質壤土或壤土生長更佳（連
和吳等，2006）。田菁在茶園生長良好，適合在夏季和秋季生長，在夏
茶採收後播種，其種子用量約 20 公斤／公頃，在秋茶採收前耕鋤，鮮草
量約 30,000 公斤／公頃，約可提供 149 公斤的氮肥含量（表 10-1）。

　C. 大豆：綠肥用大豆對環境選擇不嚴，只要土壤有適度水分供應，全國各
地區都可種植。只是大豆播種期因低溫常會造成播種生長緩慢，鮮草量
較低，因此，北部茶園間作時期，宜在初春低溫過後再進行播種，讓其
生育期間有充足日照，營養生長才會良好，莖葉鮮草量才會增加（表 10-
1）。

4. **注意事項**

　茶園種植覆蓋作物首要條件是以不影響茶樹的生長及製茶品質為主，因此，會
攀爬或與茶樹競爭養分的植物（作物）就不適合於茶園種植。其他如覆蓋率、耐踐
踏、耐旱性、生質量、種子價格低廉、容易購買、繁殖容易等均為選擇覆蓋作物應

考慮因素。

（二）敷蓋

　　敷蓋與覆蓋不同，敷蓋指將無生命之物體，置於土壤上作為遮蔽之用，施行地面敷蓋不但可防止雜草叢生，且具有改善土壤物理性及減少水分蒸發之功能，此外亦可以解決茶園中耕除草人力欠缺問題（圖 10-8）。茲將茶園地面敷蓋功效及方法摘述如下：

1.　功效

　　⑴避免雨滴直接打擊及沖刷地面，減輕土壤的流失：而且可藉由敷蓋材料將水分逐漸滲透進入土壤中，減低逕流，具保育水土之效果。

　　⑵增加土壤有機質及改良土壤理化性：採用植物殘體如蔗渣、花生殼、穀殼及草類等作為茶園地面敷蓋材料，經腐爛後而成為土壤有機質，使土壤孔隙率增加，改善土壤物理性，更因有機質之補充，使土壤肥力因而改進。

　　⑶減少土壤水分蒸發，增加土壤保水力，維持土壤溼度：茶園實施地面敷蓋後，可阻隔部分土壤水分蒸發，有效延長灌溉水蓄留於茶樹根層，且可延長灌溉週期，進而可具有蓄水及保水之功效，尤其在夏季高溫或乾旱時期，效果尤為顯著（蔡和朱，1983；黃和張，2000）。

　　⑷防止雜草發生，減少除草作業勞力需求：茶園實施地面敷蓋，可防止雜草生長或減少雜草發生（蔡和朱，1983），節省除草所需大量之人工及避免除草劑的使用，以彌補敷蓋材料之支出費用，既可減低成本，且不會因大量使用除草劑而引起汙染之虞。

　　⑸調節土溫：茶園實施地面敷蓋，其表土不會受到陽光直射，雖然夏季氣溫高，土壤溫度卻不會急速升高，初春或冬季氣溫低溫時，因敷蓋有保溫之效益，地溫也不致快速降低，有利茶樹根系之發育（蔡和朱，1983）。臺東茶園敷蓋稻草、稻殼、抑草蓆以及無敷蓋處理，夏季高溫炎熱天氣時，地表下 5 公分土壤溫度以無敷蓋及抑草蓆最高，分別達 33.8 ℃、33.7 ℃，稻殼及稻草較低，分別為 30.6、30.9 ℃（羅等，2020）。

　　⑹增加幼木茶樹成活率：由於地面實施敷蓋，具有保持土壤水分之功效，可使幼木茶樹發育良好，增加其成活率。

⑺促進幼木茶樹早日成園：由於敷蓋可增加幼木成活率，且促使幼木茶樹快速成長而苗壯，進而提早成園，增加收益。

⑻有提早茶樹萌芽效果：茶園實施敷蓋，具有保溫作用，有利茶樹發育，促使春季提早萌芽（蔡和朱，1983）；另可提高茶芽密度及產量（鄭，2001）。

⑼改善茶菁原料品質：茶園敷蓋後可改進土壤肥力，保持水分，有利茶樹正常生長，促使茶芽葉質柔軟，有助茶葉品質之改善。

圖 10-8　茶園敷蓋稻稈（左），無敷蓋（右）。

2. **敷蓋材料**

敷蓋材料包括兩種，一種為有機材料如稻草、穀殼、花生殼、甘蔗渣、草類、鋸木屑、樹皮等。另一種為無機材料如不織布、塑膠布等均可利用，但以有機材料較佳（表 10-2）。

3. **敷蓋時期**

幼木茶園：茶樹種植後應即加以敷蓋，或於冬季淺耕後進行敷蓋，敷蓋材料腐爛時，應施行淺耕，使其與土壤充分混合，然後再敷蓋新材料。唯應注意淺耕時，勿傷及茶樹根部。

成木茶園：於冬季中耕除草、翻土及經日曬消毒 1 個月後再施行敷蓋，敷蓋材料腐爛後，進行中耕除草時應同時將腐爛草埋入土中，再敷蓋新材料；唯茶樹生長茂盛，地表已為樹冠覆蓋時，雜草已難生長，可免除敷蓋。

4. 敷蓋量

　　敷蓋物的遮光度愈高，防止雜草發生的效果愈好。若以雜草抑制蓆敷蓋，宜選用黑色且敷蓋一層即可。若以黑色遮蔭網作為敷蓋物，應選擇 85 % 以上之遮蔭度較具有抑制雜草的經濟效益（曹和許，2001）（圖 10-9）；有機材料如穀殼或草類，乾草量每公頃約 2 ～ 3 萬公斤左右，厚度約 3 ～ 5 公分（圖 10-10）。敷蓋太厚不經濟，且易生雙層根，不利茶樹生長。

▌　圖 10-9　茶行間敷蓋黑色雜草抑制蓆，並可防止水分蒸發及雜草發生。

▌　圖 10-10　茶樹行間敷蓋蔗渣（左）或花生殼（右）。

（三）建議事項

不同性質之敷蓋材料，其效果各有優劣點。在敷蓋之前，宜就茶園環境斟酌評估，若採用穀殼或花生殼來敷蓋，可提早茶菁採摘及增加產量。稻草敷蓋可提早茶樹萌芽期與改良土壤理化性，長期使用，效果更為顯著，茶園附近若有水稻田、茅草亦可就地取材，既方便又經濟。

塑膠布對增產效果亦頗佳，但容易破損、白色塑膠布易有雜草發生；黑色塑膠布在夏季土壤溫度會過高，且有施肥不便等缺點。目前最有效的塑膠材質的敷蓋物為 PE 針織型百吉網的雜草抑制席，其遮光度百分之百，在茶園敷蓋可耐用 3 年以上，先敷蓋之前要將茶行間雜草清除、整平後再鋪設，並以冂型鐵插入土中或將邊緣埋入土中固定，避免風吹掀起造成茶樹損傷。為防止黑色塑膠布高溫對根系的傷害，可在幼年期茶樹行間鋪設，成木後移除塑膠布，以利中耕及施肥。

▼ 表 10-2　不同敷蓋材料之利弊比較

項目	稻草或茅草	鋸木屑	穀殼	塑膠布		
				白	黑	黑白二層
材料體積	鬆大易緊實	鬆大易飛散	鬆大飛散	很小	很小	小
運搬	難	難	難	易	易	易
田間處理	多	中	中	很少	很少	少
土溫變動	中	差	佳	中	中	佳
雜草量	中	中	中	多	很少	很少
茶樹萌芽期	早	最遲	極早	遲	遲	早
土壤保水力	低	高	中	中	低	低
土壤養分改進	高	中	高	低	很低	很低
土壤 pH 值	略提高	提高	無變化	無變化	略下降	下降
茶菁產量	中	低	很高	高	高	很高

（蔡和朱，1983）

四、茶樹營養與施肥

茶樹是臺灣重要的葉用經濟作物，多年生木本，年採收 2 ～ 6 次。茶樹鮮葉中水分含量約為 75 ％，其餘 25 ％屬乾物質，在乾物質中礦物元素係由茶樹根部從土

壤中吸收利用，其中消耗量大而土壤中常供應不足的是 3 要素——氮、磷和鉀，因此，必須藉由施肥加以補充（黃，2007）。肥料的推薦用量通常是根據茶樹養分移除的量跟比例及肥料利用率所計算，並經過長時間的田間試驗所獲得的。了解茶樹的植物營養特性將有助於肥料的合理化施用，減少不必要的浪費或養分供應不足之情況發生。

（一）茶樹必需元素及其功能

植物正常生長必須仰賴 16 種必需元素之足量和均衡的供應（表 10-3）。16 種必需元素可分為下列 4 群：1. 碳、氫與氧；2. 大量元素：氮、磷與鉀；3. 次量元素：鈣、鎂與硫；4. 微量元素：鐵、錳、銅、鋅、硼、鉬與氯。除了碳、氫與氧主要來自大氣及土壤中的二氧化碳及水分外，其他均靠土壤及肥料之供應。16 種必需元素，雖有植物吸收量的多寡之分，但各養分元素的重要性是相同的，任何一種養分的缺乏，均足以降低作物的產量與品質（陳，2003）。而在非必需元素中，有一些元素對特定植物的生長發育有益，則稱為有益元素，如茶樹需要鋁、水稻需要矽等。

▼ 表 10-3　茶樹必需營養元素之功能

元素	功能
氮	胺基酸、蛋白質、核酸、咖啡因、葉綠素、維生素、激素與輔酵素等化合物之成分。 促進茶樹根、莖與葉之生育。
磷	糖磷酸酯、磷脂、磷酸酵素、核酸與核蛋白質等化合物之成分。 促進根系生育，增進各種養分吸收。 磷含量愈高之茶葉，品質愈佳。
鉀	合成碳水化合物及含氮化合物所必需之成分。 調節水分、維持適當膨壓，增強抗旱能力。
鈣	與黏膠質連結對原生質構造及通透性有關。 中和茶樹體內多餘有機酸，可免受毒害。
鎂	葉綠素構成元素，直接參與光合作用和磷酸化過程。 多種酵素之活化劑。
硫	蛋白質構成元素。 調節體內氧化還原生理作用。
鐵、錳、銅鋅、硼、鉬氯	多種酵素之成分或輔酶，參與光合作用、呼吸作用及代謝作用。

（二）茶樹的營養特性

1. 喜銨性

茶樹對土壤中氮素形態的利用，主要為硝酸態氮、銨態氮及簡單之有機態氮如胺基酸。茶樹偏好吸收銨態氮，銨態氮對茶樹生長有促進效果。

2. 聚鋁性

茶樹的一生都會吸收鋁，主要貯藏於老葉中，高量的鋁對一般作物有毒害作用。但對茶樹而言，鋁為有益元素，會促進茶樹根系生長及增強光合作用，從而提高碳水化合物的供應（Hajiboland et al., 2013）。茶園肥培管理並不需要特別施用鋁肥，因為酸性土壤就能夠供應茶樹生長所需之鋁。

3. 嫌鈣性

茶樹對鈣的需求量較低，過多會造成毒害，根系生長受阻、植株生長停滯。

（三）茶樹葉片元素含量

茶樹葉片中所含各種元素，依品種、樹齡、季節、葉片部位等因子有不同。分析取樣時須注意其一致性，一般在葉片達一心五葉時，取一心三葉供分析之用。表10-4所列為茶樹葉片元素含量適宜範圍，低於該範圍表示該元素有缺乏之虞；高於該範圍則表示該元素過多，缺乏或過多對茶樹生長均有不良影響，且直接影響製茶品質（張，2005）。

▼ 表 10-4　茶樹葉片元素含量適宜範圍

元素	含量適宜範圍（乾重 %）	元素	含量適宜範圍（乾重 mg／kg）
氮（N）	4.00～6.00	鐵（Fe）	90～150
磷（P）	0.25～0.40	錳（Mn）	300～800
鉀（K）	1.50～2.10	銅（Cu）	8～15
鈣（Ca）	0.25～0.55	鋅（Zn）	20～40
鎂（Mg）	0.15～0.30	鋁（Al）	400～900

（四）茶樹營養障礙診斷及其改善對策

作物正常生長所需的 16 種必需元素在生理上都有其獨特功能，且重要性均相

等，任何一種養分的過多或缺乏，作物的代謝功能就會發生障礙，因而在外觀上出現特定的徵狀，因此，可藉由肉眼的觀察來推測作物發生營養障礙的要素種類。作物外表出現異常徵狀，未必完全是營養障礙所造成，其他非營養障礙（如蟲害、病害、藥害、植物病毒、土壤排水不良、壓實或氣候環境異常等）亦會造成作物外表的異常徵狀（陳，2004），因此，需詳細的調查及謹慎的分析研判，以免做出錯誤的判斷。

營養障礙徵狀為全面性，且發生的部位有一定的規則可循，而非營養障礙造成的徵狀乃局部性，且任何部位都有可能發生。當發現作物外觀出現異常徵狀時，第一步需先研判是否為非營養障礙因子所造成，若所有非營養障礙因子的可能性均排除後，則可往營養障礙方向著手進行研判。

目視診斷法是用肉眼，從作物外表的徵狀，來推測造成作物營養障礙的原因，由於此種方法不需儀器，簡單易行，在田間工作不失為一簡易判別植物營養障礙之方法（張等，2005）。然而，田間發生之營養障礙不一定是單一元素之障礙，而是多種元素障礙之複合徵狀，很難就外觀做出肯定性的判斷，因此，需配合土壤與葉片分析資料，做進一步之確認。

1. 氮缺乏症

⑴徵狀：氮缺乏初期，葉片呈淡綠或黃綠色，葉片較小且硬，茶芽萌發期延後，茶菁產量甚低，嚴重時整株葉片黃化，有枯萎現象。

⑵葉片氮含量診斷：茶菁氮含量若低於乾重 4.0 %，即有缺氮之虞，若低於 3.0% 則為嚴重缺氮。

⑶易發生之環境：

A. 茶樹為需要氮量大之作物，若土壤氮供應不足，則易發生缺氮。

B. 地勢陡峭，且為粗質地、淋洗作用大、保持氮肥能力弱的土壤，氮肥易流失。

C. 土壤有效水分含量低（乾旱時）或水分過多、積水、排水不良造成根系受損，對氮吸收受阻，因而缺氮。

D. 施用氮肥方法不當，如表面撒施而未翻入土中或未敷蓋資材，致氣溫高使氮肥揮發或雨水沖刷造成流失。

E. 施用未經腐熟之堆肥，導致土壤有害微生物大量繁殖，傷害根系，影響氮之吸收。

⑷改善對策

A. 氮肥施用量宜按推薦施肥量使用，且施肥方法要正確，施入之肥料最好以質材敷蓋或與土壤混合。

B. 粗質地土壤宜少量多次施用，避免氮淋失。

C. 土壤乾燥不宜施肥，土壤太乾宜適當灌溉，土壤水分過多有積水現象亦不適合施肥，最好雨前或雨後放晴 2 天土壤溼潤時再行施肥。

D. 多施用政府推薦之國產有機質肥料，幼木茶園（1 ～ 5 年生）每公頃施用量 5 ～ 10 公噸，成木茶園（6 年生以上）每公頃施用 15 ～ 20 公噸。

2. **鎂缺乏症**

⑴徵狀：缺鎂徵狀出現於老葉，缺乏初期葉緣與葉脈間部分黃化，葉脈保持綠色，嚴重時葉緣與葉脈間全部黃化，並有褐斑焦枯出現。

⑵葉片鎂含量診斷：老葉鎂含量低於乾重 0.08 % 時有缺鎂之虞，低於 0.03 % 時則嚴重缺鎂。

⑶易發生之環境：

A. 茶樹品種對土壤鎂吸收利用程度稍有差異，若土壤交換性鎂（中性醋酸銨抽出）低於 20 ppm 下，種植臺茶 14 號 4 年不補充鎂肥則出現鎂缺乏症，其他品種則較不易發生，若發生時則缺乏時間將更持久。

B. 高溫多雨地區若土壤 pH 值低於 4.0 時，土壤中鎂易缺乏。

C. 常年施用酸性肥料造成土壤酸化嚴重，亦加速鎂之缺乏。

⑷改善對策：

A. 若土壤 pH 值低於 4.0 且交換性鈣含量沒有過多之情形下，可適量施用含鎂之土壤改良資材如苦土石灰，以改善缺鎂之問題，施用量視土壤質地而異，粗中質地土壤每公頃施用 1 ～ 1.5 公噸，細質地土壤每公頃施用 2 公噸，施用方法為撒施茶行間，並以中耕機翻入土中。每年測定 pH 值及土壤交換性鎂含量，再決定是否施用。

B. 若發現鎂缺乏症時以葉面噴施 0.1 % 硫酸鎂溶液，每隔 10 天噴施 1 次，並配合土壤施用 3 要素肥料，至徵狀消失為止。

C. 使用政府推薦之國產有機質肥料,以改善土壤理化性質,增加土壤有益
微生物繁殖,進而減少鎂流失,促進茶樹根系活力。

3. 微量元素缺乏症

⑴徵狀:新葉葉緣與葉尖黃白化。

⑵葉片微量元素含量診斷:冬季新葉鋅含量低於乾重 20 ppm,鉬含量低於
0.5 ppm 即有缺乏症出現。

⑶易發生之環境:

　A. 冬季低溫乾旱,土壤 pH 4.0 以下,土壤中鋅與鉬有效性低,易發生缺乏。

　B. 坡地茶園受雨水淋洗作用及長期缺乏施用有機質肥料,使土壤中鋅與鉬
含量偏低。

　C. 不當使用農藥,造成藥害,使微量元素輸送受阻,而產生缺乏徵狀。

⑷改善對策:

　A. 土壤 pH 值低於 4.0 以下,施用苦土石灰(特別注意用量),以提高土壤
pH 值,可增加土壤微量元素有效性。

　B. 乾旱時宜灌溉並行敷蓋,以促進土壤中鋅與鉬之移動,增強根系之吸收。

　C. 適當補充有機質肥料,增加土壤中微量元素含量及有效性。

　D. 正確安全使用農藥。

4. 水分缺乏症

⑴徵狀:初期缺水,葉片下垂,葉片失去光澤適時灌溉可恢復生育。幼葉萎
凋及葉片出現焦點,繼之葉落則表缺乏嚴重。

⑵土壤含水量診斷:土壤含水量低於該土壤有效水分含量(田間容水量減去
永久凋萎點之水分含量) 40 ～ 50 % 時即有缺乏之虞,若低於 20 % 則嚴重
缺水。

⑶易發生之環境:

　A. 高溫、強光、無雨、溼度低等氣候因子所導致之乾旱,且該茶園無灌溉
設備者。

　B. 未做好保水措施之茶園。

　C. 施用過量肥料,遇乾旱期加重茶樹吸水困難。

(4)改善對策：

    A. 維護林木涵養水源：坡地茶園應有適當造林區，不可濫墾濫伐，以增加空氣溼度，減短日光直接照射時間，降低強風之侵襲，以防止土壤水分蒸發與流失。

    B. 做好水土保持設施：如平臺階段、等高耕作、植生、坡地灌溉、水源設施、抽水設備、蓄水設施等方法，以增加水源利用防止土壤沖蝕。

    C. 平時適時適量施用肥料，乾旱時不可施肥。

5. **水分過多症**

(1)徵狀：根部細根受害呈黑褐色而腐爛，繼之粗根表皮亦呈黑褐色，葉片嫩葉失去光澤變黃，葉片逐漸凋萎而落葉，樹勢矮小，病害嚴重。

(2)土壤診斷：下雨時土壤表面積水，排水不良。

(3)易發生之環境：

    A. 連續下雨且地下水位高之茶園。

    B. 種植水稻之水田，常有一層不透水的犁底層，若開墾種茶時未加以打破，則易積水。

    C. 開墾整地不平整留有低窪處，或有不透水層未加以打破。

(4)改善與對策：

    A. 做好排水設施：如截水溝、等高耕作、山邊溝植草、排水。

    B. 開墾時須打破不透水層，地下水位高要設暗管排水。

    C. 排水不良茶園須減少施用有機肥質料，尤其是未經醱酵之有機質肥料因土壤水分過多，土壤氧氣不足，嫌氣性細菌活躍，有機物分解產生有機酸、甲烷、乙烯及硫化氫等有毒物質，而傷害根系。

6. **樹勢矮化黃化，不正常開花症**

(1)徵狀：對口葉多，新梢無法萌發，葉片無光澤且黃化，枝條瘦弱，花芽分化多且異常開花，側根多分布在表層土壤且細根少，易發生病蟲害。

(2)診斷：須配合氣候、土壤、施肥管理、茶苗、樹齡、水土保持設施等因子判斷。

(3)易發生之環境：

A. 土壤pH值高於7.0以上是屬石灰性土壤,不適宜種茶,種後呈現此徵狀。

B. 茶苗不健全:塑膠袋內土壤過乾或土壤扦插苗未立即種植,使根系缺水損傷,易出現此徵狀。或茶苗地上部有病害、根系疏少;種植後亦無法正常生長,而出現此徵狀。

C. 茶樹老化:品種不同老化程度亦不一,如青心烏龍品種最易老化,一般管理良好之茶園可維持15年,若管理不良者則可能縮短其年限,約僅10年即出現衰老症。

D. 未做好水土保持工作之坡地茶園:遇水沖刷土壤,肥料流失;遇乾旱則缺水,也容易出現此徵狀。

(4)改善對策:

A. 種茶時選擇酸性土壤,pH值4.0～5.5之間最適宜。

B. 選擇健康茶苗:地上部無病徵,地下部根系無乾枯狀且要旺盛。

C. 未老先衰茶樹應予拔除,補植溝內土壤須以殺菌劑消毒,再行補植。老化茶園應進行深剪或台刈以恢復樹勢,剪枝完後要有水分供應及適量施用化學肥料,才可提早萌發新梢,健壯茶樹。

D. 開墾種植須做好水土保持工作,以保茶樹永續生長。

E. 幼木施肥注意不可施用過多化學肥料,以免傷害根系。

（五）利用土壤與葉片分析促進茶樹合理化施肥

茶園土壤及葉片分析的目的在於診斷茶園土壤及茶樹的營養狀況,以供推薦合理施肥之參考。土壤肥力檢測結果,可知道土壤各種養分的有效性及供應潛力,及哪些養分可能會出現營養障礙(包括過多、缺乏或不平衡),進而調整肥料施用量;葉片營養元素分析結果,可參照茶樹養分分級標準,診斷茶樹營養元素盈缺,以推薦合理施肥方式,達到茶園永續利用的目標。

（六）適量施用肥料

茶樹營養需求以氮素為最高,磷鉀次之,鈣鎂及其他微量元素則依土壤含量狀況而調節使用,各地茶園施肥量,因土壤特性、茶樹品種及樹齡、氣候及製茶種類而有所不同,雖影響因素甚多,難作一適當調配,僅以土壤養分含量、樹齡及茶菁產量作一基本施肥之建議,請參考茶園適宜施肥量表(表10-5)將年用量均分4次

施用即春、夏、秋與冬肥。

▼ 表 10-5　茶園適宜施肥量表（單位：公斤 / 公頃 / 年）

		幼木（年）					成木（年）			表土有效養分含量範圍
		1	2	3	4	5	6	7	8	
氮 （N）	多量	90	150	240	300	360	360	450	450	有機質含量小於 2%
	中量	70	120	200	260	320	320	400	400	有機質含量 2～4%
	少量	50	100	160	240	300	300	360	360	有機質含量大於 4%
磷酐 （P_2O_5）	多量	40	80	100	100	120	120	160	160	有效性磷小於 5 ppm
	中量	30	60	80	80	100	100	120	120	有效性磷 5～10 ppm
	少量	20	40	60	60	80	80	100	100	有效性磷大於 10 ppm
氧化鉀 （K_2O）	多量	40	80	100	120	160	160	160	160	交換性鉀小於 100 ppm
	中量	40	70	80	100	120	120	120	140	交換性鉀 100～200 ppm
	少量	30	60	70	80	100	100	100	120	交換性鉀大於 200 ppm

註：(1) 施行深剪枝或台刈時，應於前一年的量增施有機質肥料及鉀質肥料，以促進根部發育。
　　(2) 台刈茶樹施肥量依第 4 年幼木用量施用。

（七）把握正確施肥方法

　　肥料施用量重要，正確的施肥方法更重要，有些茶農朋友施用相當多量的肥料，卻得不到茶樹應有的產量與製茶品質，原因可能施肥方法錯誤，造成肥料養分嚴重流失。

1. 新植茶樹施肥要領

　　新墾或更新茶園土壤有機質含量豐富達 4.0 % 以上，種植茶樹時，不必施用有機質肥料或化學肥料，等到茶樹根系發育正常能吸收養分，供地上部生育樹高達 20 ～ 30 公分時，約 3 ～ 5 個月時間，再看葉片顏色，如有黃綠出現，就必須補充 3 要素複合肥，如 1 號複合肥，一年每公頃使用量 400 公斤，一年均分 2 次，即春肥及秋肥，每次須 200 公斤 / 公頃即可。施用方法可用點施方式，即離茶樹主幹 25 公分處以鋤頭挖穴，將 1 號複合肥施入穴中，再覆土即可。未醱酵之有機質肥料絕不可使用，以免造成肥傷，有機質肥料可於第 2 年生時再行使用，以施用政府推薦之國產有機質肥料最適宜。化肥使用時機，依各地區氣候及茶菁採收期而不同。春肥（2 ～ 3 月）、夏肥（5 ～ 6 月）、秋肥（7 ～ 8 月）及冬肥（9 ～ 10 月），1 年可分 2 季、3 季或 4 季施肥，原則上茶芽萌發前即要施肥。雨季土壤水分過多

或乾旱季節土壤水分過少皆不適宜施肥，土壤水分在溼潤狀態時是施肥適當時機。

2. 平地茶園施肥要領

可分撒施、條施與點施 3 種方式。撒施以化肥撒於茶行間，利用中耕機翻犁入土中混合。條施則以距茶樹主幹 30 ～ 40 公分處以鋤頭開溝，將化肥施入溝內，再覆土。點施則距茶樹主幹 30 ～ 40 公分處以鋤頭挖穴，將化肥施入穴中，再行覆土。

3. 坡地茶園施肥要領

坡地茶園因地形限制難以耕犁，可採用條施或點施，即離茶樹主幹約 20 ～ 30 公分處開溝（或穴），再將肥料施入溝或穴中覆土。

（八）葉面施肥

1. 茶樹葉面施肥時機

⑴茶樹葉面出現養分缺乏徵狀時可用葉面施肥來補充養分。如葉片有缺氮徵狀，可噴尿素（濃度 0.5 ～ 1.0 ％），以補充氮肥。缺鎂徵狀，可噴硫酸鎂（濃度 0.1 ％）；微量要素鋅鉬缺乏時，可噴硫酸鋅（濃度 0.01 ％）或鉬酸銨（濃度 0.01 ％），以補充缺乏之元素（表 10-6）。

⑵土壤 pH 低於 4.0 以下時：老化茶園或 10 年以上茶園，最易出現茶樹養分吸收不平衡徵狀，使茶樹生長不良，此時可葉面施肥，以加強茶樹吸收能力。

⑶茶樹根部或地上部受病蟲害傷害時：可用綜合營養液來噴施，以強化茶樹養分，減少病蟲害危害。

▼ 表 10-6　茶樹葉面施肥濃度及用量表

缺乏元素	肥料	濃度（%）	施用量（克／株）	樹齡
氮	尿素	0.5	2.5	3～5 年
氮	尿素	1.0	5.0	6 年以上
鎂	硫酸鎂	0.1	0.1	6 年以上
鋅	硫酸鋅	0.01	0.01	6 年以上
鉬	鉬酸銨	0.01	0.01	6 年以上

2. **葉面施肥時須注意事項**

⑴使用液肥濃度要適當，不可過高，以免肥傷。

⑵日照強、溫度高、強風或下雨時，皆不可噴施，以早晨或傍晚噴施效果最好。

⑶與農藥混合時要注意兩者之化學性質，酸性液肥應配酸性農藥，避免不當混合而降低效果及發生藥害。

⑷葉面施肥僅能提供少量茶樹營養成分，因此，適用於用量較少之微量元素，若為氮磷鉀等大量元素，仍以施入土中為主，以持續茶樹養分吸收。

⑸受限於葉片表面構造，以噴施葉背養分吸收效果較葉面為佳。

五、茶園灌溉

茶樹的生長受到許多氣候因子（降雨量、氣溫、溼度、日照度等）的影響，以降雨量而言，臺灣平均年雨量雖高，但降雨不均，中、南部及東部茶區冬茶、春茶前有明顯旱季，夏季亦有高溫乾旱期。

當自然環境下，若降雨量無法滿足茶樹生長所需時，需以人為方式補充茶樹所需要的水分，這就是灌溉。灌溉的方法可分為地面灌溉、噴灑灌溉及滴水灌溉三大類型，其中地面灌溉又可分為漫灌、區灌及溝灌（嚴，2015）。茶園灌溉以採用管路灌溉方法為佳，其共通優點如下（黃，2002）：

1. 效率高、管理方便：管路輸水損失少，任何地點皆可送達，灌溉系統容易控制管理。

2. 能適用於高低不平之地形：可以加壓方式或落差方式送水。

3. 減少水資源浪費，易控制水量及均勻配水：管路配水可定量且均散布於灌區中，以節約用水。

4. 節省維護費用：地下管路不易受破壞，減少清理或維修之麻煩。

5. 便利機械作業：有效利用田區，毋須因留溝渠而影響機具進出作業。

6. 可兼噴藥或施肥：如配合施肥器可施液肥；配合噴霧管線可兼作噴藥使用。

茶園灌溉的方法與設備

　　茶園灌溉依據方法不同而有不同需求設備，但所有方法的基本設置如圖 10-11，皆需要的基本器材包括貯水設施（蓄水池、水塔⋯⋯）（圖 10-12）、加壓設備（圖 10-13）、過濾器、調壓電磁閥、分區控制器（圖 10-14）及灌溉管路（主管路、支管、水閥、噴嘴⋯⋯）等，詳細資料可參考胡和蔡（2021）。

　　茶園管路灌溉主要可分成噴灑灌溉、滴水灌溉、穿孔管灌溉等。噴灑灌溉是利用壓力將灌溉水經由管路系統及支管上的噴頭如降雨般由空中向地面散布（圖 10-15）。滴水灌溉是以地表滴水或是地面下滴水等器材與系統，在地面上或地面下進行緩慢供水的灌溉方式（圖 10-16）。穿孔管灌溉，又稱為「噴水帶」、「水帶」、「噴水管」、「多孔管」灌溉，是利用水源壓力沿主管輸送至各支線的穿孔管，待內部充滿水後由管壁上的細孔噴出，噴灑出來的水如煙雨，故噴水量低於噴灑灌溉（圖 10-17）。不同灌溉方法適合不同茶園，裝設及運轉成本也不同，詳如表 10-7，茶農可依據茶園地形、水源水量及灌溉目的，選擇最合適的灌溉方法，以達最大之灌溉效率（胡和蔡，2021）。

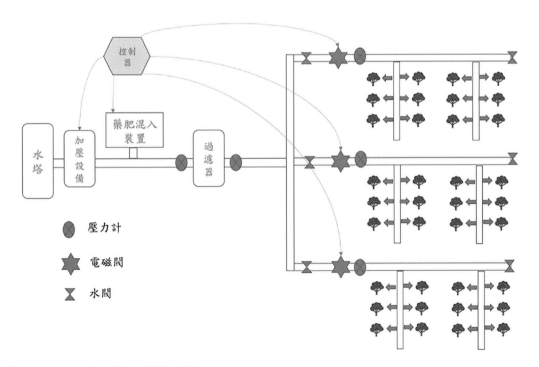

圖 10-11　茶園灌溉的基本設置。

▌ 圖 10-12　茶園蓄水池及水塔。

▌ 圖 10-13　灌溉加壓設備。

▌ 圖 10-14　過濾器及電磁閥。

圖 10-15　茶園噴灑灌溉。

圖 10-16　茶園滴水灌溉。

圖 10-17　茶園穿孔管灌溉。

▼ 表 10-7　不同茶園灌溉方法之比較（黃，2002）

項目	噴灑灌溉	低壓 PE 穿孔管灌溉	滴水灌溉
1. 耗水量	每公頃每次約 40 公噸水量	僅約噴灌之 1／2	噴灌之 1／2 ～ 1／3
2. 適設地形	無限制	平臺等高種植坡地	限制比 PE 稍寬
3. 茶樹種植方式	無限制	密植行栽	密植行栽
4. 水壓	中、高壓（1.5 公斤／平方公分以上）	低壓（1 公斤／平方公分以下）	低壓（1 公斤／平方公分）
5. 灌溉均勻	須水理設計	無須水理設計	須水理設計
6. 設施成本	初期高	初期低，但 3～4 年須更換	初期高
7. 維護	管理於地下，少維護	PE 管布於地表會受損	可埋於地下不受損
8. 運轉成本	高水壓及水量，成本高	低壓、省水，成本低	省水但投資成本高
9. 出水口阻塞	噴嘴孔徑大，較不易阻塞	須過濾，否則易阻塞	須過濾，否則易阻塞
10. 多用途利用	可減少霜凍害	可兼施液肥	可兼施液肥
11. 灌水方式	全面	帶狀溼潤	帶狀溼潤

　　國內位於屏東縣內埔鄉的大型商用茶農場，植茶面積達 453 公頃，已全區使用滴灌系統（圖 10-18），並結合無線網路的雲端作業，可分區控制茶園水分與養液肥分，不但可省工栽培，也可記錄各分區茶樹水、肥供給狀況，以掌握茶樹生長狀況及資材成本，又可精準灌溉，達到一效多工之目的（圖 10-19）。

▎　圖 10-18　國內大型茶農場使用滴灌系統。

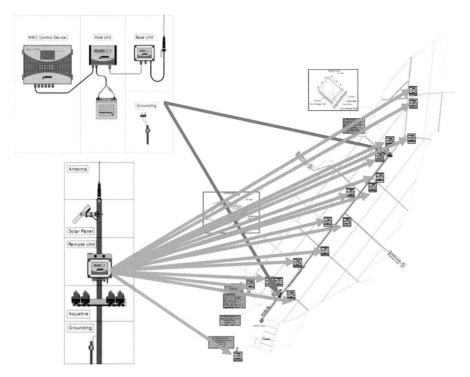

圖 10-19　國內大型茶農場使用滴灌系統，並採用雲端分區控制灌溉與施用液肥（臺灣農林股份有限公司提供資料）。

六、結語

　　不適當或未落實茶園田間管理工作，如過度施肥或施肥不均、土壤壓實、雜草叢生、缺乏灌溉等，除了影響茶樹生育、降低茶菁品質外，更可能不利茶樹生長，造成茶樹營養不良與生理障礙。適當的土壤耕作與敷蓋、肥培與茶樹營養、雜草管理及水分灌溉等田間管理，可強健樹勢與營造良好的茶園環境，充分與均勻的供應茶樹生與所需養分，產出優質的茶菁原料外，並兼顧生產環境的保育。因此，如何落實各項茶園管理作業，以健全茶菁生產並維持茶園的永續經營，是茶園管理的重要目標。

七、參考文獻

1. 巫嘉昌。1995a。改善茶園土壤硬度，可間植綠肥作物。豐年半月刊 19(45):20-21。

2. 巫嘉昌。1995b。抑制雜草生長—間植綠肥作物。茶訊 7:12。

3. 巫嘉昌、朱鈞。1996a。茶園間植綠肥作物對土壤肥力之影響。中華農藝 4(6):241-253。

4. 巫嘉昌、朱鈞。1996b。茶園間植綠肥作物對微氣象及夏茶品質之影響。中華農學會報 175:82-92。

5. 林木連、張鳳屏、曾信光、蔡俊明。1995。茶園土壤及葉片分析取樣及調製方法。臺灣省茶業改良場。

6. 吳昭慧。2010。多年生花生。臺南區農業改良場技術專刊 149:22-25。行政院農業委員會臺南區農業改良場。

7. 胡智益、蔡憲宗。2021。茶園灌溉。生態茶園有機友善栽培管理手冊。行政院農業委員會茶業改良場出版 pp. 35-43。五南圖書出版股份有限公司。

8. 施金柯。1992。談茶園中耕除草。茶業專訊 2:5-7。

9. 財團法人農業工程研究中心。2020。管路灌溉設施推廣宣導手冊。pp. 1-24。財團法人農業工程研究中心。

10. 曹碧貴、許飛霜。2001。茶園地面敷蓋黑色遮蔭網對抑制雜草效益之研究。臺灣茶業研究彙報 20:185-196。

11. 陳仁炫。2003。植物營養與作物生產。國立中興大學農業暨自然資源學院土壤調查試驗中心。

12. 陳仁炫。2004。土壤與植體營養診斷技術。植物重要防疫檢疫病害診斷鑑定技術研習會專刊（三）pp. 157-174。行政院農業委員會。

13. 連大進、吳昭慧。2006。田菁。綠肥作物栽培利用手冊。p.23。中華肥料協會。

14. 陳信言、鄭混元、范宏杰、謝清祥。2006a。不同覆蓋作物對茶園土壤環境及茶樹生長之影響 I、對茶園環境之影響。臺灣茶業研究彙報 25:47-64。

15. 陳信言、鄭混元、范宏杰、謝清祥。2006b。不同覆蓋作物對茶園土壤環境

及茶樹生長之影響 II、對茶樹生長及品質之影響。臺灣茶業研究彙報 25:65-84。

16. 張鳳屏。1999。茶園推薦施肥手冊。臺灣省茶業改良場。

17. 黃膽鋒、張允恭。2000。茶園敷蓋對灌溉水量與茶樹生長之影響。臺灣茶業研究彙報 19:61-66。

18. 黃膽鋒。2002。茶園灌溉。茶作栽培技術。pp. 85-94。行政院農業委員會茶業改良場。

19. 張鳳屏。2005。茶樹營養與施肥。出自「茶作栽培技術」。行政院農業委員會茶業改良場。

20. 張庚鵬、李艷琪、黃維廷、林毓雯、劉禎祺。2005。作物之合理化肥培管理。合理化施肥專刊。pp. 135-146。行政院農業委員會農業試驗所。

21. 黃裕銘。2007。營養需求與肥培管理。茶樹整合管理。pp. 37-47。行政院農業委員會農業藥物毒物試驗所。

22. 楊美珠、張清寬、施金柯。2002。中低海拔地區茶園冬作綠肥作物之選拔。臺灣茶業研究彙報 21:1-10。

23. 蔡俊明、朱惠民。1983。敷蓋材料對茶樹生長之影響。臺灣茶業研究彙報 2:84-97。臺灣省茶業改良場。

24. 鄭混元。2001。植草及敷蓋對茶園土壤環境及茶芽生育、產量及製茶品質之影響。臺灣茶業研究彙報 20:13-28。行政院農業委員會茶業改良場。

25. 劉秋芳、蘇彥碩、曾信光、邱垂豐、蔡憲宗。2017。茶園週年間作綠肥作物之探討。臺灣茶業研究彙報 36:91-110。

26. 羅士凱、蕭建興、余錦安。2020。炎熱乾旱氣候茶園降溫保水資材及特色茶之研究。茶業改良場 108 年年報 pp. 45-46。

27. 嚴士潛。2015。灌溉方法。灌溉原理與實用。pp. 36-64。城邦印書館股份有限公司。

28. Hajiboland, R., Bahrami-Rad, S., Barceló, J., and Poschenrieder, C. 2013. Mechanisms of aluminum-induced growth stimulation in tea (*Camellia sinensis*). J. Plant Nutr. Soil Sci. 176:616-625.

29. Tea Research Institute. 2009. Sampling for Foliar analysis of tea. Sri Lanka.

11

茶樹剪枝技術

文圖／邱垂豐

一、前言

　　剪枝或修剪，又稱整枝，是茶樹樹冠管理的重要措施，茶樹是採收幼嫩芽葉為最終目的，就茶樹生長發育的特性，茶園剪枝是培養樹勢及調節採摘時期之重要工作，適當時期及適當程度的剪枝可增加採摘面積、促使萌芽均勻、調整產期、強壯樹勢並養成良好樹型、增進通風、減少病蟲害發生及蔓延。在生產實際過程中，通常都是經由剪枝調控茶樹的生長發育，樹體營養的分配和運轉，以達到茶樹生長旺盛，經久不衰，即豐產又穩定的目的。此外，亦可利用茶園剪枝技術，因應全球氣候變遷及產期調節，為茶園栽培管理之重要工作（蔡，2003）。

二、茶樹剪枝的必要性

　　茶樹屬多年生的作物，經濟栽培年限可維持數十年甚至百年，如果任其生長不加以剪枝控制，樹型像一般樹木日漸生長，分枝稀疏，茶芽密度無法增加，造成採摘不便。為促進茶樹的生產力及便於生產管理，剪枝作業乃成為控制樹型、擴大採摘面及促進萌芽率必要且重要的工作（蔡，2003；黃，1954）。其優點如下：

1. 將茶園規劃為數區，使各區淺剪枝時期錯開，可調節產期，解決農村季節性勞力的不足問題。
2. 將茶樹主枝條剪除後，可促進側枝萌發，擴大採摘面積；培養成優良樹型，使萌芽數增加，萌芽整齊，改善品質且便利採摘及耕作管理等作業。
3. 剪枝可減少茶樹開花結實，促進根部發育及植株生長勢，延長生產年限。
4. 剪枝後採摘面積擴大，枝葉較為密實，使土表覆蓋率提高，可減輕茶園土壤受雨水直接沖擊之害。
5. 剪枝使茶園樹型整齊一致，田間管理工作方便，便於機械操作，提高工作效率。
6. 剪枝使茶樹高度整齊劃一，枝梢均衡生長，頗具美感，可加以規劃成為觀光茶園，增加國人休閒場所。
7. 茶樹加以適當的剪枝，樹冠面積及空間亦會擴大，茶叢才可受陽光平均透射，雨露均霑，樹勢整齊，茶樹萌芽較一致性，茶菁及茶葉品質亦較佳。

三、剪枝的適宜時期

　　茶樹剪枝的適宜時期，應從茶樹生長期，氣候條件和茶樹品種 3 方面綜合考慮（蔡，2003；黃，1954）。不論是幼年、成年或衰老茶樹，原則上都應在一年生長結束後休眠期修剪，茶樹在休眠期，地上部分的養分逐漸向根部轉移貯藏起來，至翌年開春以後，再從根部逐漸向地上部分移動，供應春季茶芽生長的需要。在茶樹冬季休眠期，即春季茶芽萌發以前，此期間被剪的枝葉所含養分量最低，可以減少許多無謂的消耗，而根部貯藏的大量養分，可提供萌發新梢的耗用。

　　茶樹的生長，其地上部與地下部都是交替進行的。當地上部生長休眠期，正是根部生長最旺盛的時期，此時剪去部分枝葉可以促進根系生長吸收，貯備更充分養分。在四季分明的茶區，茶樹在春季接近萌發之前修剪是影響最小的時期，這個時期正值氣溫逐漸回升，雨水充沛，是茶樹生長較為適宜的時期，同時春季又是年生長週期的開始，剪後使新梢有較長季節得以充分生長。

　　茶樹修剪時期的選擇與氣候條件關係相當密切。尤其氣溫影響更大，雨量的多少直接關係到土壤含水量的高低。所以安排茶樹的修剪時期，應根據這些特點，靈活掌握，因地制宜。臺灣位處亞熱帶地區，茶樹生長期長，理論上剪枝時期可全年進行，但最有利剪枝時期，一般在每年茶季結束時進行（即茶樹休眠時期）為最適當，也就是冬至前後至大寒行剪枝（12 月中旬至 1 月下旬）。茶園在 1,000 ～ 1,500 公尺左右，考量氣候變遷或極端氣候，亦可在立春過後才修剪，以確保產量與品質。

　　一般在 1,500 公尺以上高海拔茶園為避免受寒害，冬季不剪枝，待春茶採收後才進行剪枝，以便春茶茶芽安全生長，但因冬季未予進行剪枝作業，萌芽較慢，導致春茶採摘期延遲 10 ～ 18 天左右，雖然產期較遲但品質較佳，值得考量採納。

　　剪枝時期與茶樹的品種也有一定的關係，茶樹品種不同，春季茶芽萌發時期亦有所不同，所以不同品種剪枝時期的確定，要根據發芽次序給以調整。發芽早的品種，剪枝期應提前，反之推遲。一般茶樹修剪，應在春季茶芽萌發前結束修剪工作，如果在茶芽萌發後，再行修剪，必然會消耗費營養物質，導致減產及茶菁品質欠佳。

　　此外，為調節產期或避開寒流來襲，可在春茶採收後或頭一次夏茶採收後進行淺剪枝，但必須施行灌溉以避免茶樹遭受旱害影響生育，甚至於枯死。若茶園面積較大時，可自行將茶園分區，每一星期進行淺剪枝一區，使採摘期錯開，以紓解採

工之困難。在有旱季和雨季之分的地區,修剪不應安排在旱季來臨之前,否則修剪後發芽困難,茶芽密度少,茶芽生長不一且細弱。

四、茶樹剪枝方法

茶樹在不同的生長發育階段有不同的生長習性,因此,不同樹齡時期的茶樹,其剪枝方法亦不一樣(蔡,2003;黃,1954;劉,2009)。

(一)茶苗定植後之剪枝

茶苗定植後,應在離地面 20 ～ 25 公分處(圖 11-1),將頂梢剪除,減少其水分蒸散,並於茶園行間進行敷蓋作業,保持土壤水分,勿使茶苗遭受強烈乾旱,以增加其存活率。定植當年生長期間任期自然生長,在產季時勿看見茶芽就採摘,此易造成往後茶樹生長勢較弱,影響到生長發育。

圖 11-1　茶苗定植後修剪。

（二）幼木茶園之剪枝

　　茶樹在幼齡時期，有明顯的主幹，隨著樹齡增大，主幹生長勢逐漸減弱，側枝的生長勢相對增強，樹型逐漸向灌木型方向發展。幼年茶樹修剪的目的是促進側芽萌發，增加有效分枝層次和數量，培養骨幹枝，形成寬闊健壯的骨架，稱定型修剪，定型修剪一般要進行 3 次，每次高度和方法各不相同。

小葉種茶園

1.　定植後視茶樹發育情形來決定剪枝與否，發育差者略予修剪，而發育良好者離地面 25 ～ 30 公分處加以剪枝。

2.　定植第 2 年各季所萌發之新芽，必須等待其充分成長始可酌予摘心，冬季於離地面 30 ～ 35 公分處加以平剪（圖 11-2），切忌剪成扇型或淺弧型，每次定型修剪的目的都是爲了培養健壯的骨幹枝，修剪後發出的新梢是形成骨幹枝的基礎，千萬不可採摘，否則就難以養成良好的骨架，造成難以彌補的損失。

▍ 圖 11-2　定植第 2 年於冬季離地面 30 ～ 35 公分處平剪修剪。

3.　定植第 3 年，生長良好者可待其新芽發育成一心五、六葉時進行一心二葉的採摘，全年採摘次數以 3 到 4 次爲原則，冬季於離地面 35 ～ 40 公分處再

行水平剪。

4. 定植第 4 年茶樹經過定型修剪，樹冠迅速擴展，已具有堅強的骨架，即可適當留葉採摘。管理良好之茶樹到定植第 4 年，冬季剪枝後其樹高約在 45 公分左右，樹冠約在 60 公分左右，已完成茶樹基本構型。第 4 年每年生長結束時，在上年度修剪高度上，再提高 5 ～ 10 公分進行整枝修剪，使樹冠略帶弧形，以進一步拉大採摘面。

5. 定植第 5 年以後，茶園正式投入生產，可按成年茶樹修剪方法進行修剪。

大葉種茶園

1. 定植後第 1 年應加強管理工作，種植至該年底，於種植時茶苗高度再高 5 公分處平行剪枝即可。

2. 定植第 2 年各季所萌發之芽，必須等待其充分成長後可以酌以摘心，冬季或翌年春茶時進行剪枝，因其樹姿較為直立，為促進側枝之伸長並擴大採摘面，於其原修剪面高 10 公分處平剪（圖 11-3）。

3. 定植第 3 年，生長良好者，待其新芽發育成一心五、六葉時，進行一心兩葉之長週期採摘，冬季或翌年春茶時進行剪枝，於其原修剪面高 10 公分處平剪為宜。主枝及徒長枝則於去年修剪面再往下 3 ～ 5 公分處深剪，並剪除其下部細弱枝葉。

4. 定植第 4 年茶樹已有基本構型，同第 3 年，待其新芽發育成一心五、六葉時進行一心兩葉之採摘，全年採摘次數不超過 5 次為原則，冬季或翌年春茶時進行剪枝，於其原修剪面高 5 公分處平剪為宜（圖 11-4），並修剪主枝及強枝，弱枝亦一併剪除。

圖 11-3　大葉種茶樹幼木期於冬季水平
修剪。

圖 11-4　大葉種茶樹
定植第 4 年於冬季水
平修剪。

（三）成木茶園的剪枝

淺剪枝

1. 大葉種茶園：定植後第 5 年起，每年冬季或翌年春茶後修剪 1 次（於上年
   剪枝面高 5 公分處，進行水平剪），並將徒長枝及暗弱枝剪除（圖 11-5）。

2. 小葉種茶園：定植後第 5 年起，每年冬季或為了調節產期而於春季後在距
   離去年剪枝面提高 3～5 公分處進行淺弧型之淺剪枝（圖 11-5），同樣應將
   暗弱枝條、病枝、枯枝一併剪除。在冬季以外的季節剪枝應注意水分供應，
   如遇乾旱，應需充分灌溉，以免茶樹受損。

圖 11-5　茶樹淺剪枝（左為小葉種；右為大葉種）。

中剪枝

　　茶樹生產量達到高峰後，當所加強肥培管理等措施亦無法提高其產量，且有逐年降低之趨勢時，表示茶樹樹勢衰弱，或雖樹勢尚佳，但於定植第 12 年至第 16 年左右，未曾進行中剪枝或深剪枝，樹高又超過 90 ～ 100 公分影響採摘作業時，亦應進行中剪枝。一般係依當時樹高之一半（約 45 ～ 50 公分）處進行水平型中剪枝（圖 11-6），將樹冠的小枝條全數剪除，再由較粗壯的枝條上發出強健新芽，使樹勢恢復以提高產量與品質。

▍　圖 11-6　茶樹中剪枝（左為小葉種；右為大葉種）。

深剪枝

　　茶樹生長勢衰弱又無法利用剪枝恢復其樹勢時，則可進行深剪枝，高度應離地面 20 ～ 30 公分（小葉種）或 40 ～ 45 公分（大葉種或生長勢稍佳者）處剪斷（圖 11-7），此時應用深剪枝刀，若枝幹過粗，深剪枝刀難以剪斷時，則應用鋸刀或深剪枝機，並確保刃口銳利，以免枝幹裂傷而影響新芽的萌發。

圖 11-7　茶園深剪枝（左為小葉種；右為大葉種）。

台刈

　　茶樹經中剪枝及深剪枝後，經過一段時間，出現萌芽力再次衰弱，枝條有老化現象，萌芽短小且經常只有 2 葉時就開面呈現對口葉，且大多數為無效芽時，則應進行台刈，使茶樹從基部重新發生新枝，恢復旺盛的生長勢。施行台刈之深度亦隨茶樹品種而異，一般小葉種宜離地面約 5 公分（圖 11-8）；唯大葉種進行台刈時，若遇乾旱則易整株枯死，通常只進行深剪枝更新其樹勢，而不採用台刈。

1. 台刈時期：台刈時期應視各地區雨水分布情形來決定，時期不當茶樹很容易枯死。一般宜在冬至前後到大寒進行（12 月上旬至 1 月下旬）。其他時期進行應考慮樹勢與天候，尤其應特別注意防旱，如能於台刈後施行灌溉最佳。

2. 台刈茶園之管理：

⑴台刈前 1 年及台刈後，應施用草木灰或牛糞堆肥等鉀肥含量較高之有機質堆肥，乾旱時，應注意灌溉以免枯死。

⑵台刈後應注意茶園肥培管理與雜草病蟲害防除工作，應等茶芽成長，始可進行輕度摘心，其餘除徒長枝隨時予以修剪外，切忌不當之採摘，樹型之養成可比照幼木茶樹之剪枝方法實施。

⑶台刈後 3 年內可參照幼木茶園進行剪枝。第 4 年起依成木茶園的剪枝方法進行養成優良樹型。

圖 11-8　茶樹之台刈。

樹裙剪枝（樹邊剪枝）

　　樹裙剪枝即將茶樹兩邊橫向生長枝枝條予以修剪。平地茶園可以利用單人式操作雙邊樹裙修剪機（圖 11-9），不但可提高樹裙剪枝的效率且修剪效果佳。坡地茶原則使用傳統式人工淺剪枝刀修剪，使行間保留 20 ～ 30 公分距離，以便進行田間作業。至於樹裙兩邊之軟弱、暗枝及病蟲危害枝應予以剪除，以維持健壯良好之樹型。

圖 11-9　茶樹樹裙修剪─左為單邊樹裙修剪機；右為雙邊樹裙修剪機。

徒長枝及強枝條剪枝方法

生長勢強的茶樹常在茶樹中心部位長出粗壯枝條稱爲徒長枝，另外茶樹幼木期主幹枝條粗大，生長特別快速而強壯，則稱爲強枝條（圖 11-10）。茶樹上有這兩種枝條過多，樹冠無法擴展參差不齊，影響萌芽整齊度，應適時加以修剪。

徒長枝或強枝條的修枝方法在於平時巡視茶園，遇有徒長枝或強枝條，即予剪除，剪除深度比當年預計剪枝面深 5 公分，以抑制其生長勢，增加採摘面之有效萌芽數，使樹冠均勻發育，以提高產量及品質。

▍　圖 11-10　茶樹幼木期主幹枝條粗大（強枝條：左）；徒長枝（右）。

五、修剪與其他措施的配合

（一）與水肥管理措施相配合（蔡，2003）

修剪必須在提高水和肥管理及土壤管理的基礎上，才能去發揮增產作用，修剪對茶樹來說，是一次創傷，每經一次修剪，被剪枝葉耗損許多養分，剪後又要大量萌發新梢，在很大程度上依賴於根部貯存的營養物質。爲使根系不斷供應地上部再生長的養分，並保證根系自身生長需要，剪前要深施較多的有機肥料和磷肥，剪後

待新梢萌發時，及時施追肥，以促使新梢生長健壯，盡快轉入旺盛生長，充分發揮修剪的應有效果。

尤其是深剪和台刈茶園，茶樹多年生長，土壤已造成老化，表土沖刷和土壤中壚基流失，肥力下降，土層變薄，經過更新後，茶樹主要靠根頸及根部貯存的養分來維持和恢復生機，重新萌發新枝，形成樹冠，需要求有更多的養分，所以土壤的營養狀況，在某種程度上是決定衰老茶樹更新後，是否能迅速恢復樹勢和達到高產的重要環節。在水和肥缺少的情況下進行修剪，只能是消耗茶樹更多的養分，加速衰敗，達不到復壯的目的。因此，在生產實際中，常常是「缺肥不改樹」，沒有足夠肥料準備，一般不採用深剪和台刈（黃，1954；劉，2009）。

（二）與採摘留養密切配合

幼木茶樹樹冠養成主要是靠定型修剪來完成。定型修剪後的茶樹，在採摘技術上，要應用「分批留葉」採摘法，多留少採，做到以養為主，採摘為輔，實行打頂輕採。如不適當早採或強採，會造成茶樹枝條細弱，弱勢早衰，不但產量無法增加，而且茶樹像「小老頭」難以成行。這樣的茶樹即使進入成木期，產量也不高。反之，只留不採，實行養樹，枝條稀疏，採摘面上生產枝不多也不密，實現高產也是因難的。

對於深修剪的成木茶樹，要重視留養，由於深修剪，相對降低葉面積，減少光合作用同化面，為盡快恢復樹勢，從修剪面以下新發的枝條，一般都比較稀疏，形不成採摘面，需經過留養，增加枝條的粗度，並在基礎上再萌發出次級枝條，經修剪重新培養採摘面，一般深剪的茶樹需經過的一季到兩季的留養，再進行打頂輕採，逐步投入生產。若剪後不注意留養，甚至強採，則很容易引起樹勢早衰。

深剪、台刈更新後茶樹管理，是培養樹冠的重要環節，尤其是更新當年，生長比較旺盛，在年生長週期內，新梢的生長幾乎無休止期，節間長、葉片大、芽葉肥厚，對培養樹冠十分有利。在生產實踐中台刈或深剪後的 1 ～ 2 年內，正是培養再生樹冠的最重要時期，要特別強調以養為主，採養結合，在樹冠尚未成行前，採摘採頂的目的不是為了收穫，而是配合修剪，是養好樹冠的一種手段。深剪、台刈以後的茶樹一般要經 2 ～ 3 年打頂，留葉採摘後，才能正式投入生產（黃，1954；劉，2009）。

（三）與病蟲害防治措施相配合

　　樹冠深剪或更新後，一般都經一段時期留養，這時植株葉繁茂，芽梢幼嫩，是各種病蟲害孳生的良好場所，特別是對於危害嫩芽葉梢的茶小綠葉蟬、蚜蟲、薊馬、茶尺蠖、茶細蛾、茶姬捲葉蛾、葉蟎類等，必須及時檢查防治。對衰老茶樹更新修剪時所留下的枝葉，必須及時清出園外處理，並對樹冠及茶叢周圍進行一次徹底噴藥防除，以消滅病蟲繁殖基地（黃，1954；劉，2009）。

六、剪枝注意事項

1. 剪枝所用工具之刀口必須鋒利。
2. 剪枝應選擇在晴天時實施，不宜在雨天進行。
3. 剪枝工作者技術要熟練，其剪口不可受傷破裂，以免露水或雨水滯留其上，使切口腐爛或枯死（圖 11-11）。
4. 實施機採茶園，經若干年後，茶芽密度會增加，茶芽短小，枝條末梢細弱，嚴重時會形成雞爪枝，影響產量與品質，應施行中剪枝，以更新其樹勢，恢復茶芽生長活力。
5. 茶樹淺剪枝後，須施用充足的肥料並加強茶園管理工作。
6. 施行深剪枝或台刈時，應於前一年酌量增施有機肥及鉀質肥料，以促進根部發育。
7. 進行淺剪枝前，應先將徒長枝或強枝剪除，其深度比今年預計剪枝面深 5 公分，使其萌發側枝，培養優良採摘面。
8. 深剪枝或台刈後，茶樹枝幹所附著的地衣苔蘚類應加以清除。
9. 剪枝作業應與茶園冬季作業同時進行，茶園冬季作業包括深耕、肥培、雜草防除、茶園排水、茶樹病蟲害防治及樹型修整（蔡，2003）。
10. 有機茶園因生長勢較弱，茶樹剪枝不宜過深。
11. 當茶園剪枝過後可選用核准登記於茶樹上使用之殺菌劑進行傷口保護；若是有機友善栽培管理茶園，則可施用礦物油進行傷口保護。
12. 茶園剪枝過後之機具要進行清潔、保養及消毒等工作。

▎圖 11-11 茶樹剪枝其剪口不可受傷破裂。

七、結語

　　因應氣候變遷適時的修剪茶樹枝條，除能調節茶樹生長勢、採摘面及採摘時期，減少茶樹過度萌芽造成樹勢衰弱之外，亦可調整茶園通風狀況，減少病蟲害滋生。唯剪枝器具需做好清潔管理，選擇適當時機剪枝，才可避免病菌隨剪枝傷口傳染，培養良好茶園樹勢，提高茶菁產量及品質，增加收益。

八、參考文獻

1. 蔡俊明。2003。茶樹剪枝技術。茶作栽培技術修訂版。pp.79-84。行政院農業委員會茶業改良場。
2. 黃泉源。1954。茶樹栽培學。臺灣省農林廳茶業傳習所。
3. 劉熙。2009。茶樹栽培與茶葉初製。五洲出版社。

12

天然災害預防與管理

文圖／劉秋芳、林儒宏、林育聖、

劉千如、羅士凱、蘇彥碩、邱明賜

一、前言

　　臺灣位處亞熱帶，屬高溫多溼的海島型氣候，島內地形起伏變化大，氣候常受大陸性氣團及海洋性氣流影響，且因地形變化，容易出現地區性的特別氣候狀況，尤其是近年氣候變遷導致極端氣候的發生，影響茶樹甚巨。依據民國 88 ～ 108 年（1999 ～ 2019）期間茶樹天然災害損害狀況可知（農業年報），茶樹天然災害項目分爲冰雹、低溫（包含寒流、霜害、凍害）、乾旱、颱風、豪雨、焚風及地震 7 項，以低溫的損害金額最高，其次爲颱風，旱害第三。災害發生次數以颱風最多，達 30 次，平均每年發生 1.4 次颱風，但幾乎發生在民國 106 年（2017）前，107 ～ 110 年（2018 ～ 2021）期間均未有颱風對茶樹造成損害的紀錄；100 年（2011）以後乾旱發生頻度有增加的趨勢（劉和邱，2021），甚至在 109 ～ 110 年（2020 ～ 2021）首度發生跨年度的旱災，造成桃園市、新竹縣、南投縣、雲林縣、嘉義縣、高雄市、花蓮縣茶樹損害，影響層面廣泛。

二、茶樹天然災害發生種類及因應措施

　　茶樹爲多年生作物，在臺灣栽種地區及海拔分布廣泛，各地發生災害情況略有不同，故依據災害發生種類及因應措施依序介紹：

（一）乾旱

1. 乾旱發生對茶樹之影響

　　當茶樹根系吸收無法滿足地上部蒸散需求時，其體內即發生了水分缺乏之情形，導致葉片中的氣孔開張度明顯變小，以減少體內水分蒸散，缺水持續一段時間後，葉片開始萎凋，若及時提供水分，可恢復正常，此種萎凋稱爲暫時性萎凋；當茶樹缺水超過一定限度後，發生機能及結構永久的傷害，體內動態平衡破壞，即便供水後亦無法恢復正常功能，這種萎凋稱爲永久萎凋，持續時間過久，會造成茶樹的死亡。茶樹盆栽試驗結果顯示，充分灌水時，土壤含水量爲 35 % 以上，當土壤含水量低於 20 %，青心烏龍和臺茶 12 號葉片開始出現萎凋現象，且青心烏龍萎凋現象明顯高於臺茶 12 號；當土壤含水量低於 15 %，青心烏龍開始有葉片黃化掉落

情形；於土壤含水量 15 ％進行澆水，2 天後臺茶 12 號可回復生長，青心烏龍則持續葉片枯黃與落葉，無法回復（陳等，2019）。

　　茶樹需要量多而分布適當之雨量，全年平均雨量需 1,800 ～ 3,000 公釐，最少需要 1,500 公釐，在生長期的月降雨量要求為大於 100 公釐，若小於 50 公釐，又無灌溉措施，茶園應補充灌溉（胡等，2021）；30 天累積雨量 20 公釐以下時就會造成茶樹損害。旱害係屬延遲性災害，受旱時在葉片未出現萎凋徵狀前，肉眼不易辨識，當茶樹新梢已呈現受害徵狀時，茶菁往往多無採摘價值，在無法及時供水分情況下，一兩天內即發生枝枯現象，令人措手不及。

　　茶芽在萌芽階段或生長期間若缺水（乾旱），首先茶芽萌發數量減少，新梢上的芽，活性很快降低，生長停止，茶芽葉片亦纖維老化及捲曲內折度增加（圖 12-1）（李，2004），形成對口芽（駐芽；開面葉），嚴重時枝葉乾枯，如 2016 年 7 月新竹縣新埔鎮茶樹發生嚴重的乾枯現象（圖 12-2）。

圖 12-1　遭受乾旱茶芽葉片易纖維化及形成對口芽（駐芽；開面葉）。

圖 12-2　遭受嚴重乾旱時茶樹枝葉乾枯。

　　由於碳氮合成代謝減弱，有機物的累積減少，新梢中茶多酚、胺基酸和可溶分等品質成分含量隨著減少，而且兒茶素品質指數降低，胺基酸組成也產生變化，其製茶品質呈現滋味淡薄、水色淡黃、形狀粗鬆及色澤淡綠等缺點，茶菁產量和品質均下降。

2. **乾旱因應措施**

預防勝於治療，未來氣候越發嚴峻，乾旱的預防應在平日做起。針對茶園旱害發生前、中、後，建議茶農進行以下防護措施：

⑴乾旱發生前預防措施：

A. 設置灌溉系統及蓄水池：重視平時水源供水維護，擴大蓄水能力。

B. 重視茶園耕作栽培管理，提高茶樹耐旱能力：如改善土壤肥力和質地、適度的耕犁、進行草生栽培、敷蓋稻稈、花生殼、穀殼等資材及適量施用鉀肥等。

C. 種植耐旱性較強的之茶樹品種：尤其是沒有水源地區，建議種植臺茶 1 號、12 號或 17 號等品種，勿種植青心大冇或青心烏龍等不耐旱品種。

D. 病蟲害防治：乾旱時，蟎類、咖啡木蠹蛾、白蟻、捲葉蛾、薊馬及枝枯病等危害易增加，可利用性費洛蒙及黃色黏紙誘殺害蟲，並適當使用藥劑防治、剪除罹病枝條來預防。

E. 隨時注意氣象預測及天候狀況，及早採取適當措施因應。

⑵乾旱災害發生中因應措施：

A. 即時灌溉給水：可以水車運水澆灌茶樹，乾旱期間為防止茶樹枯死，噴灌量每公頃 40 公噸，至少每週 1 次，以維持樹勢，俟乾旱結束後能恢復生產。

B. 敷蓋稻稈、花生殼、穀殼等資材增加保水能力，厚度約 3 ～ 5 公分，重量約 20 ～ 30 噸／公頃。

C. 減少茶園作業，如減少割草次數，以降低土壤水分散失；避免修剪和施肥等茶園管理作業，以防高溫乾旱的危害加重。

⑶乾旱結束後復耕措施：

A. 尋找固定水源，設置灌溉用蓄水池及灌溉系統。

B. 當旱害未解除前，仍不建議修剪，俟旱害解除後再依旱害程度決定修剪強度（如表 12-1）。

C. 實施耕犁作業：乾旱期間土壤較為硬實，於乾旱結束後，宜進行中、深耕之耕犁作業，較有利於水分滲入，並促進根系的生長發育。

D. 補植及更新：3 年內幼木茶園因乾旱枯死，可利用冬季時進行補植，受

害嚴重需全面更新成木之茶園，考慮連作障礙，須休園半年至 1 年再種植（劉等，2021）。

▼ 表 12-1　依據不同乾旱程度之修剪強度參考

乾旱嚴重程度	輕度	全園平均枯葉與枯枝率在 < 20 %，進行淺剪枝或中剪作業。
	中度	全園平均枯葉與枯枝率在 > 20 %，進行中深剪作業。
	重度	全園平均枯葉枯枝率在 > 50 % 時，已失去經濟栽培價值，進行全園更新。

（二）低溫

臺灣由北至南，由東至西，海拔由數十公尺的平地至海拔 2,500 公尺的高山，皆有茶園分布，但主要集中在海拔數十公尺至 1,500 公尺間的丘陵地、緩坡地及高山等，地形地貌多變，然近年來隨著茶區的變遷，茶樹的種植也越往高海拔種植，每當遇到寒流或氣溫較低的情況，茶樹常遭受低溫傷害，是高海拔茶區所應面對的重要課題。

隨著緯度與海拔高度的增高，茶樹也易於受凍危害，寒流來襲時，天氣晴朗，風力不強的低地，受輻射冷卻效應影響，當氣溫低於 5 ℃，即有霜害發生（楊，1991）。

茶樹受霜凍後不僅生理機能受破壞，產量下降，成葉邊緣褐變，葉片呈現紫褐色，嫩葉出現凍害斑點，如果用這種茶菁原料來製茶，製成之綠茶滋味較苦澀，包種茶滋味淡帶酸，紅茶因溫度低且多元酚類衍生物較少，發酵不良且香氣降低等缺點，影響成茶品質甚巨。

1. 霜、寒害、凍害形成原因

⑴霜（frost）：

在溫暖季節，短時間內土壤或茶樹表面溫度降到 0℃ 或 0℃ 以下，致使茶樹瀕臨受害或死亡。霜凍發生時會有白霜出現，但如近地層空氣濕度尚未達到飽和狀態，也有可能不出現白霜，但已經造成茶芽焦黑，俗稱黑霜。一般常見的霜凍多是冷空氣入侵，溫度明顯下降；隨之夜間晴朗，長波輻射加強，溫度逐步降低，若伴隨大風者稱為風霜。其特徵是危害範圍大，地區間微氣候差異小，持續時間較長，一般 3 ～ 4 天。若在冷高壓控制下，白天晴朗夜

間星空無雲無風，茶樹植株表面強烈輻射散熱，體溫降至 0℃ 以下時形成靜霜。一般霜凍可持續數小時，也可能連續幾個夜晚出現，微氣候差異很大。

(2)寒害（chilling injury）：

茶樹在生長季節內，因溫度降到生育所能忍受的低限以下而受害。寒害發生時的日平均溫度都在 0℃ 以上，會受其所處的發育期而異；且緯度和海拔越高，寒害越易發生。

(3)凍害（cold injury）：

茶樹在越冬期間，因長期持續 0℃ 以下低溫而喪失生理活動，造成植株受害或死亡。凍害的造成與降溫速度、低溫的強度和持續時間，低溫出現前後和低溫期間的天氣狀況等有關。在植株組織處於旺盛分裂增殖時期，即使氣溫短時期下降也會受害；反之休眠時期則抗凍性強。

2. 低溫傷害對茶樹之影響

一般茶樹受寒害後不僅生理機能受影響，成葉邊緣褐變，葉片呈現紫褐色，嫩葉出現凍害斑點，嚴重威脅著茶樹正常的生育，輕則造成茶葉減產及品質下降，重則使茶葉枯焦落葉，甚至形成駐芽、停止生長、提早老化、大量減產、品質低下、產期延後，茶農收益銳減，不得不加以重視（林等，2007）。

若於早春茶或春茶生育時節遭逢低溫導致結霜或結凍現象的出現，則可能造成茶樹低溫凍霜害的發生。而低溫之成因多為臺灣冬末春初常有大陸冷氣團（寒流）南下，平地氣溫降至 10℃ 以下，栽植茶樹之山坡地多具一定海拔溫度更低，倘同時大氣條件為晴朗無雲、午後溼度低且無風或風速緩慢，則入夜後輻射冷卻效應更加明顯（林等，2021）。

凍霜害發生後，茶樹主要因細胞內水分凝結破壞膜體，進而影響生理機能，徵狀多發生於新芽及嫩葉，常見之徵狀有新芽嫩葉呈紅紫色（圖 12-3）、葉緣褐變（圖12-4）、向內捲曲（圖 12-4）及凍害斑點（圖 12-5）等，直接影響茶樹正常生育；一般而言老葉對低溫之耐受度較高，相對症狀未及新芽嫩葉明顯。對茶樹整體而言，霜害輕則造成減產及品質下降，重則導致全株葉片褐化枯焦死亡，與未受災之翠綠色差異甚大（圖 12-6）。倘低溫未直接達到造成凍霜害損害門檻，但維持時間較長也可能促使駐芽形成，進一步導致生長停滯、提早老化、產量減產、品質低下及產期延後等問題（胡等，2020；林等，2020；林等，2021）。

圖 12-3　新芽嫩葉褐變。

圖 12-4　葉緣褐變、捲曲。

圖 12-5　葉片凍害斑點。

圖 12-6　嚴重受災之茶行。

3.　易發生寒害區域

⑴地形與霜凍之關係：在山頂或陡坡上部，有氣流帶動下冷空氣難以滯留，發生霜凍的危險性較小，但若在山谷底部或凹槽處、山間盆地或周圍有防風林者，冷空氣易於聚集累積，發生霜凍的危險性較大（圖12-7）。

在高海拔山區窪地的茶園，由於冷空氣沉積，茶樹極易受霜凍危害，因低窪地和閉塞地冷空氣容易積聚；其中以山坡的中間部分霜凍最輕，山頂次之，窪地山谷和山坡底部霜凍嚴重。因此，為避免茶樹受凍，必須把地形選擇作為種茶的重要考慮條件。

⑵海拔：低海拔、中海拔、高海拔茶區皆有可能發生，越高海拔，發生機率越高。

⑶氣溫：氣溫降至 10 ℃以下，導致茶樹生育受阻，若降至 5 ℃以下即可能造成寒害。

    A. 低溫持續天數逐漸增加。

    B. 溫度驟降。

    C. 輻射冷卻效應。

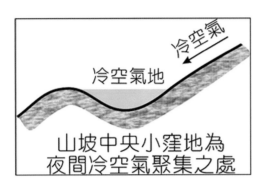
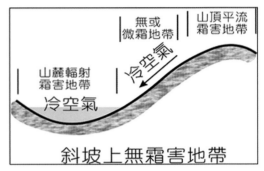
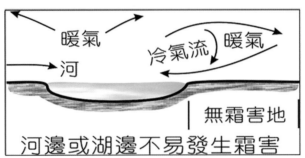

▌圖 12-7　地形與霜凍之關係。

4.　低溫傷害因應措施

⑴低溫傷害前預防措施：

    A. 隨時注意天候狀況：中央氣象局發布低溫特報，請農民注意茶園低溫防護。隨著海拔愈高，寒害發生愈嚴重。當氣象局發布低溫特報，且為氣象預報為乾冷情況，凌晨發生霜害的機率提高；當白天天氣萬里晴空，夜晚無雲無風星光燦爛，輻射冷卻效應，發生霜害機率亦大增。

    B. 灑水防護法：可運用茶園既有灌溉設施，如噴灌，並於降霜前開始灑水（圖12-8、圖 12-9），且須持續至日出回溫後，但需確認是否有足夠的水源

可供噴灌使用，水源不足時，反而易造成茶芽葉結冰，導致所產生的霜凍害會更嚴重。

圖 12-9　灑水防護效果：未灑水區（左）；灑水區（右）。

C. 覆蓋法：

　i. 地表覆蓋：撒上花生殼（粉）、蔗渣或薄層稻草等，覆蓋於茶行地表，增加土溫及以提高地溫，防止或減輕茶芽凍害（圖 12-10）。

　ii.不織布覆蓋：離茶樹冠面高約 30 公分以上處搭蓋棚架覆蓋 PE 塑膠布、不織布、黑色紗網，利用隧道棚方式（圖 12-10），隔離冷空氣，以避免樹冠面結冰。

圖 12-10　覆蓋法。

D. 防霜風扇法：防霜扇在日本約 1970 年代開始推廣，目前為日本主要之低溫凍霜害防減災對策。依據日本相關研究報告表示，防霜扇對霜降之預防效果，相對灑水或覆蓋等其他防護方式為佳，且部分研究顯示此法相較於灑水防護，較不會影響茶樹後續生長（此本晴夫等，2006；農文協，2008；林等，2013）。

　　防霜扇的防霜原理主要為運用不同高度的溫度層，上層與茶樹葉層的溫差約 3 ～ 5 ℃，因此運用風扇將上層的暖空氣送至茶樹葉層上，促使葉層溫度上升，因空氣有流動且溫度較高，可以有效預防霜的形成（圖12-11）。目前在茶改場相關研究中有相同的研究結果，秋冬兩季時高度 6 公尺處的氣溫變化，在凌晨 1 時至 6 時的期間，溫度皆比葉溫（未處理組）高，架設在高度 6 公尺處的風扇，將上層暖空氣帶入到葉層，使葉層溫度停留在 0 ℃左右，葉層不至於結霜，對防霜有明顯效果；相較

於對照處理，其葉溫約在 -2 ～ -5 ℃左右，出現明顯結霜的現象（圖 12-12）（林等，2013）。

　　臺灣與日本所處位置與氣候條件不同，臺灣處於亞熱帶氣候，相較於日本緯度低，凍霜害發生次數不若日本頻繁。目前除臺灣福壽山農場外，裝設防霜扇防護者仍屈指可數，仁愛鄉目前僅慈峰及屯原 2 處茶區有農友裝設防霜扇設備。有裝設之茶園於 2020 年 4 月 13 日低溫凍霜害受災中呈現出相當顯著的防護效果（圖 12-13）；相對於未裝設之茶區，茶芽整體呈現褐化焦枯，甚至死亡之情況，裝設防霜扇之茶區仍維持茶芽翠綠且生育正常之狀態（圖 12-14）。防霜扇之裝設有助於降低茶樹凍霜害所造成之影響與危害，然現場觀察到小部分區域可能囿於地形、風向或氣流等因素，仍出現凍霜危害情況，此部分仍需伴隨著經驗之積累與配合，尚有加以調整優化的空間（圖 12-15）（林等，2021）。

▎圖 12-11　未安裝設防霜風扇（紅框內）茶園出現凍霜情形。

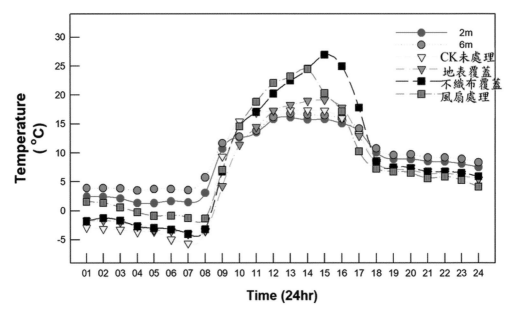

圖 12-12　防霜風扇與其他處理氣溫之差異。

圖 12-13　南投縣仁愛鄉慈峰和屯原地區裝設防霜扇之茶區（紅框內）未受災。

圖 12-14　裝設防霜扇茶園生育情況。

圖 12-15　裝設防霜扇（紅框內）仍出現霜害之情況。

⑵低溫傷害結束後復耕措施：

　A. 受凍害之茶樹於天氣轉晴時，若茶樹成葉邊緣出現褐變，葉片呈紫褐色，嫩葉有赤褐色斑點，可即時摘除或修剪受寒害枝葉，並加強病蟲害、水分與養分管理，重新培養樹勢。

　B. 茶芽受凍害程度較輕或原採摘面整齊的茶園，宜採用淺剪枝，修剪程度寧輕勿深，盡量保持採摘面之一致（圖 12-16），可參考表 12-2。

　C. 晚冬或早春凍害發生後，更要重視肥培管理，施肥量應比原來增加 20 ％左右，同時配合施用一定量的磷、鉀肥，對恢復茶樹樹勢和茶芽萌發及新梢生長有促進作用。

　D. 進行淺耕除草，疏鬆茶園土壤，有提高地溫與促進茶芽之萌發與生長效果。

▼ 表 12-2　茶樹因凍霜害受損後，剪枝與採摘建議處理方式

茶芽生育階段	被害情況		建議處理方式
萌芽期 （芽及第 1 葉末全展開且第 2 葉已展開）	無論為何種程度之損害。		直接保持現狀。
第 2 葉已展開葉至第 4 葉以上展開葉	能夠明確區分損害部分與無損害部分之情況下。		損害部分保持現況，挑選採摘；未受害部分直接採摘。
	無法明確區分損害部分與無損害部分之情況下。	損害茶芽焦枯率低之情況下。	直接保持現況。
		損害茶芽焦枯率高之情況下。	輕剪枝或淺剪枝方式，去除受損部位。
	全面受損情況下。		輕剪枝或淺剪枝方式，去除受損部位。
摘採期前夕	部分受損情況下。		挑選未受害部分進行採摘。
	全面受損情況下。		剪除捨棄受損茶芽，等待下一季採收。

（整理自 100 年農作物天然災害損害率客觀指標）

▌ 圖 12-16　霜害後茶園修剪作業，紅框內為修剪後茶面。

（三）澇害

1. 澇害發生對茶樹之影響

　　茶樹是喜溼怕淹的作物，臺灣於春夏交替時易發生梅雨、夏秋季有颱風、西南氣流所致豐沛雨水或長時間連續降雨（霪雨），造成土壤含水量高，長期降雨導致土壤含水量過高，土壤中含氧量低，根部生長勢不佳，初生根毛少，側根伸展不開，

養分吸收遲滯，導致生長緩慢、芽葉小而稀疏，嚴重時會導致根系受傷，新生根系死亡，木質化根系逐漸褐化，因根系損壞導致茶樹生長緩慢甚至停止生長，嫩葉失去光澤變黃，進而芽尖低垂萎縮。成葉反應比嫩葉遲鈍，表現葉色失去光澤而萎凋脫落。據試驗顯示，臺茶 13 號在淹水處理後 20 天，葉片光澤消失，淹水處理 30 天後樹勢較弱，芽葉呈凋萎狀態（圖 12-17）。青心烏龍在淹水處理 15 天後葉片光澤消失且出現凋萎現象，30 天後芽葉均呈凋萎狀態（圖 12-18）。表示青心烏龍在抗澇性部分較新品種差，在年降雨量多或有長期降雨季節的區域，需特別注意茶園的排水性是否良好（簡與林，2014）。

圖 12-17　臺茶 13 號根部長期浸水導致葉片凋萎。

圖 12-18　青心烏龍根部長期浸水導致葉片凋萎。

2.　澇害因應措施

⑴澇害發生前預防措施：

A. 新建茶園規劃時，須設定水土保持，排水流向，依地勢設立山邊溝或植草，減少逕流水沖刷與加強排水功能。

B. 留意週年季節變化，雨季來臨前應進行相關預防措施，或利用修剪調整採收期。

C. 茶園土壤排水較差，土壤具有犁底層時，建議利用深耕破除不透水層，並設立排水溝（明溝或暗溝），以利排水。

D. 種植具有深根性的草種，例如培地茅、蔓花生及大葉爬地藍，有助於打破土壤犁底層，或草生栽培，有助於土壤團粒的形成。

E. 提高茶園土壤有機質含量，有機質含量過低。

⑵澇害結束後復耕措施：

A. 如茶菁受損達一定程度者，應進行剪除，以利重新萌芽。

B. 梅雨季節往往帶來龐大的雨量，排水不良的茶園易造成積水現象，茶樹根部細根易因浸水而受傷，多呈黑褐色而腐爛，可藉此機會檢視茶園土壤是否因久未深耕而造成犁底層（不透水層），若有此現象可深耕打破犁底層促進排水，並於周邊建設排水設施，例如截水溝、山邊溝、草溝等，待水退去後可於茶園中多施用有機質肥料，改善土壤物理性質，並增進排水能力。

C. 未及時採摘之茶園，對受創嚴重之枝條宜適度修剪，待水分排除，樹勢恢復後，略施薄肥，加重磷鉀肥比例，以提供茶樹修補傷害之養分與能量。

D. 對於死亡之茶樹應先行移除，並於冬季予以補植，維持茶行之整齊度，以利將來田間作業。

E. 病蟲害的發生：連續降雨易使土壤積水傷害茶樹之根群，造成樹勢衰弱、感病性增加，若田間溫溼度持續升高，有利於茶赤葉枯病及枝枯病病原孢子發芽入侵茶樹，因此，需更加注意病害的防治。

F. 葉面施肥，恢復樹勢：茶樹根系受損因而呼吸作用減弱，此時根系對礦物質營養的吸收能力變弱，待雨勢停止或土壤含水量降低時，葉面噴施硫酸銨 0.5 ％ ＋磷酸二氫鉀 1 ％ 1 次，補充茶樹養分，待根系恢復健康，則可於土壤施用腐植酸鉀及海藻精（稀釋 500 倍）促進根系生長，約雨勢停止後 1 個月，根系恢復正常生長後，略施薄肥。

（四）颱風

1. 颱風發生對茶樹之影響

颱風是熱帶氣旋的一種，也就是在熱帶海洋上所發生的強烈低氣壓，當熱帶氣旋近地面中心附近最大風速達到或超過每秒 17.2 公尺（約每小時 62 公里）時，就稱它為颱風，根據中央氣象局資料，平均 1 年約有 3 ～ 4 個颱風侵襲臺灣，侵襲期間經常造成強風、豪雨、淹水、山崩、坍方、土石流、暴潮、海水倒灌等災害。茶

芽受強風侵襲，輕者造成茶芽芽點受損，芽葉破碎、折斷、枯焦，重者成葉、枝條亦會破碎折斷（圖 12-19），如係幼木期一～三年生茶園、台刈深剪之茶樹及枝條培養期，其所受傷害更為嚴重，往往造成枝條大量折損、整枝倒伏現象、甚至枯死等；另外颱風來襲時往往夾帶的豐沛雨量，亦會造成坡地茶園表土沖蝕流失及階段崩塌，農路作業道塌陷，排水系統受阻導致茶園積水，根系裸露，農場設施受破壞等，嚴重者枯死缺株。

茶樹於風災時受強風吹拂，幼年茶樹基部易產生動搖，與周邊土壤摩擦造成環狀剝皮進而死亡；成年茶樹因枝條摩擦造成葉片受傷損毀，風災過後之積水可能傷害茶樹之根群，如此容易造成茶樹生長勢衰弱，風災過後必須留意可能發生突發性的病蟲害。

圖 12-19　颱風造成茶樹枝芽受損掉落，茶芽成葉破損。

2. 颱風因應措施

(1)颱風發生前預防措施：

A. 幼木茶樹徒長枝及台刈或深剪枝茶園，因枝條徒長，根系淺，或新生枝條尚未木質化，易受強風吹襲而折損，應在颱風前進行適度修剪，降低風阻，以防範幼木傾斜受損及新枝從基部剝離。

B. 遮蔽少及受風面強之茶園，避免於春茶採摘後台刈及深剪等樹勢更新工作，宜在冬季休眠期進行較佳，待颱風季節新枝條已木質化，增強抗風

能力。

C. 茶園四周之排水溝、山邊溝等應清理乾淨，以確保安全排水，避免造成茶園沖蝕。

D. 夏季茶園雜草應適度保留，避免淨耕，形成土壤裸露造成沖蝕。

E. 茶園灌溉設施如蓄水槽應綑綁固定，並加水 5 ～ 8 分滿，避免強風吹襲變形或傾倒。

F. 若茶菁已達採收標準，可於氣象局發布颱風或豪大雨特報時先行採收以減少損失，但需考量農藥安全採收期。

G. 修剪枝條：新植茶苗（1 ～ 3 年苗）樹勢較弱，易受風吹而劇烈搖晃，使茶苗與土壤接觸面磨損，造成環狀剝皮導致茶樹死亡，建議於颱風來襲前進行修剪，修剪至離地約 30 至 45 公分，避免枝條過長受風吹拂過度搖晃。

H. 夏季留養枝條過長時應適度修剪：一般茶園因夏季茶菁較為苦澀，多留養枝條，颱風來襲時因枝條過長，受強風吹拂易相互摩擦造成傷口，風災過後天氣悶熱潮溼，易感染病菌，應於颱風來襲前進行修剪。

I. 植被保護：茶園於每年 7 ～ 9 月颱風易來襲期間，應避免使用除草劑，適度保留茶園行間植被，亦可於茶園間作綠肥作物，例如黑麥草、紫雲英、蔓花生等，增加茶園植生覆蓋面積，可防止地表沖刷或減緩雨水沖蝕力、涵養水源、改善土壤理化性質、促使茶樹根系向下發展、防止地表層崩塌、減輕水流速度、減少洪害等功用，增強抗災能力。

J. 耕犁管理：茶園耕犁於每年 7 ～ 9 月應減少耕犁或實施淺耕，以免破壞土壤結構，造成大量疏鬆的表土被地表逕流沖刷流失。

K. 落實茶園水土保持工作：茶園水土保持設施的維護平時就應確實執行，構築山邊溝、草溝及跌水槽等以利宣洩逕流，颱風來襲前，必須將排水溝以及跌水槽內之泥沙、垃圾等雜物清理乾淨，以確保排水順暢。平臺階段、山邊溝、農路、聯絡道若有損壞或崩塌，也應盡速進行補強修護工作。保育茶園周圍地表植被植物，茶園內種植覆蓋作物或進行敷蓋，以減少降雨對地表土壤的沖蝕。

⑵颱風結束後復耕措施：

A. 新植幼木受強風吹襲後傾斜或基部因搖動而形成孔穴鬆動者，應隨即進行扶正，如根部受損拉傷者，應適度修剪樹冠以避免枯死。

B. 台刈或深剪更新後新萌芽之枝芽受折損部分，應進行剪除使重新萌芽。

C. 茶菁受損達一定程度者，應進行剪除，以利重新萌芽。

D. 颱風過後多伴隨烈日，幼木茶園可適度進行灌溉，使根系與土壤充分接觸。

E. 颱風過後根系如有受損，應待其恢復後始進行施肥，以避免肥傷。

F. 避免茶園浸水：同澇害結束後復耕措施 B 處理。

G. 避免物理性傷害：茶樹於風災時受強風吹拂，基部易產生動搖，災後應巡視茶園扶正動搖之茶樹，並於基部覆土穩固植株。風災來臨未及時採摘之茶園，對受創嚴重之枝條宜適度修剪，待水分排除，樹勢恢復後，略施薄肥，加重磷鉀肥比例，以提供茶樹修補傷害之養分與能量。對於風災死亡之茶樹應先行移除，並於冬季予以補植，維持茶行之整齊度，以利將來田間作業。

H. 避免病蟲害的發生：風災過後，氣候溼熱且茶樹因強風吹拂相互摩擦造成傷害，需注意病害的產生，溼熱環境易產生之病蟲害如避債蛾、赤葉枯病、髮狀病及枝枯病。

I. 茶園水土保持設施的修繕與重建：災後應盡速修復受損之茶園水土保持設施，使恢復原狀，並加強地表植被保育工作。在茶園周圍重新設置排水溝及跌水等設施，土築排水溝以及農用道路進行植草工作，以減低後續降雨對表層土壤的再次沖蝕，並可加速茶園生態及土壤環境之恢復，檢修灌溉等設施，以利下季茶之生長。

（五）焚風

1. 焚風發生對茶樹之影響

當氣流翻越過山嶺，在背風面下降時，造成氣溫上升、相對溼度明顯下降、風速驟增，有乾熱風發生之天氣現象。西南風、西風或颱風環流影響，在山脈背風面處容易有焚風現象產生。尤其在東部茶區，焚風較易發生。主要危害為茶芽，焚風

發生時，氣溫異常炎熱，當茶芽遭焚風吹襲後隔 1 ～ 2 日即顯現受害徵狀，芽葉尾端出現焦乾徵狀（圖 12-20），導致生長減緩，影響製茶品質。葉片因焚風損傷後，光合作用衰退，造成同化產物減少，植株生育受影響。焚風之危害主要為物理性傷害，及因作物體脫水引起之乾害，特別是在土壤水分含量少時危害會增大。作物會因激烈蒸散而失水，引起莖葉新梢之萎凋，新植茶樹嚴重時會枯死，受害茶芽之葉片水分含量降低，百芽重也呈現較輕之現象。

▌ 圖 12-20　茶樹受焚風影響造成芽葉焦枯狀。

2. **焚風因應措施**

　(1)焚風發生前預防措施：

　　A. 春、夏、秋季季節轉換或颱風接近，因西南氣流及颱風外圍環流，引起焚風發生機率較高，須提高警覺。

　　B. 應建立茶園蓄水設備及自動噴霧灌溉系統。

　　C. 茶園周邊種植防風樹木以減輕風害及焚風吹襲強度。

　　D. 茶園保持土壤水分措施如敷蓋或以淺耕阻斷水分毛細現象。

　　E. 加強茶園病蟲害管理，防止病蟲危害葉片因焚風吹襲，加深受害程度。

　　F. 加強茶園肥培管理，以培養樹勢及增強根系，提升耐逆境能力。

　(2)焚風結束後復耕措施：

　　A. 夏季留養枝條茶園，受害嚴重可修剪，受害輕微可繼續留養並適時灌溉

及加強茶園栽培管理。

B. 已萌芽茶園，受害嚴重應輕度修剪，以促進新芽萌發。

C. 接近採摘期之茶芽若受害嚴重時，輕度修剪促進萌芽以供採收下一次新芽。

D. 新芽即使受害輕微，亦會影響生長，需加強茶園灌溉及施肥管理工作。

E. 對適採期之茶芽應盡早採收，以免葉片持續乾枯老化（鄭，1997）。

三、臺灣茶葉生產管理資訊平台

以往農民依照節氣進行修剪、灌溉、施肥、病蟲害防治等管理茶園，臺灣在100多年長期氣候統計資料（1911～2020）顯示，全年氣溫的已上升 1.6 ℃，上升幅度愈來愈明顯，乾旱頻度增加、乾旱期愈來愈長；隨著全球暖化，除溫度變化外，亦導致乾溼季差異與極端降雨強度增加，颱風季與梅雨季雨量偏低，降雨豐枯年差距加大（黃等，2021）。因此，被農民所依循的節氣只能參考，無法作為管理依據；茶樹栽種遍布全臺，海拔分布範圍廣，即便是同一茶區，位在不同山頭，微氣候差異頗大，茶樹為多年生作物，長期不穩定的氣候將影響茶樹的生長，農民生產茶葉將會面臨更多挑戰，因此，農民需要精準的氣象資料作為生產管理的依據，以因應未來極端天候。

茶改場導入微氣象感測裝置，在全臺茶區建立了 23 座微氣象站，並透過物聯網運用，將微氣象站的資訊整合，農民除可登入網址外，亦可掃碼後直接進入茶業改良場—微氣象監測系統（圖 12-21），點選鄰近自家茶園的氣象站，即能獲得茶區即時、1 週及 30 天詳細的氣象資料，包含氣溫、日雨量、空氣溼度、日輻射量、土壤含水率、土壤溫度等。

農村老齡化，除採茶工的缺乏，導致搶工事件頻繁外，茶菁延後採收導致茶菁品質老化，製茶品質也隨之下降，更嚴重者無工可採，僅能放任留養，減少當季收入。大型茶葉採收機械僅能適合在平地發展，但臺灣茶多數種植在山區，需靠大量的採工解決春茶採收的問題。因此，若能預測茶樹的生長，將採收期程錯開，將能使有限的採收人力最大化，減少以上所述問題。茶改場歷經 4 年研發，針對全臺不同地點及海拔，進行青心烏龍和臺茶 12 號產期、生長及產量調查，建立了茶樹的

生長模式，並研發出計算軟體，以便預測不同產區採茶期時之茶芽葉片數及重量。

茶改場整合微氣象監測系統、中央氣象局預測及預警、茶改場專家生產管理建議及茶樹生長預測計算軟體等 4 大面向資料，於 110 年（2021）年建置「臺灣茶葉生產管理資訊平台」（圖 12-22），本平臺每月更新全臺 5 大茶區 10 個監測茶園管理資訊，提供全臺茶區 23 座微氣象站即時與歷史天氣數據、茶樹目前生長狀況、預計生長情形、茶園病蟲害及推薦用藥、專家建議資料、氣候預警功能、茶生長預估等。本平臺免費提供給茶農、茶企業、學研單位參考，並可預估茶葉採摘期，可預作採茶人力的安排。一般民眾也可透過此平臺了解全臺各茶區目前茶樹生長狀況。

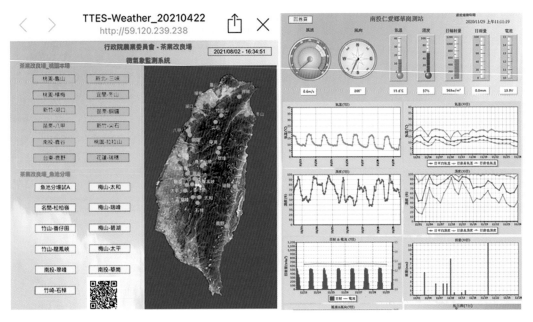

圖 12-21　茶業改良場─微氣象監測系統。

- 測站即時數據更新時間：2021-06-30 15:00:00
- 數據資料來源：中央氣象局自動測站、行政院農委會茶業改良場氣象測站

圖 12-22　臺灣茶葉生產管理資訊平台。

四、結語

　　臺灣各茶區天候狀況不同，故易發生災害種類亦不同，如中南部茶區在冬季和初春易發生乾旱季節，桃竹苗和花蓮茶區則易發生在高溫的夏秋季；臺北市、新北市和宜蘭縣茶區則易於春、冬季發生霪雨，因光線不足和土壤溼度過高而造成萌芽率降低；在 1,500 公尺以上高海拔茶區春茶則易發生霜害；臺東地區則夏季易發生焚風。運用現代科技，可預知天候可能發展情形，茶農應隨時注意氣候狀況，針對易發生災害，平日做好預防準備；災害來臨時做好因應的措施；災害發生後做好復耕處理，才能將災害引起之損失降至最低。

五、參考文獻

1. 李淑美。2004。水分對茶樹所造成生理障礙。植物保護圖鑑系列4—茶樹保護。pp. 119-123。行政院農業委員會動植物防疫檢疫局。

2. 林木連、謝靜敏、陳玄。2007。茶園農業氣象災害與因應策略。作物、環境與生物資訊 4:35-40。

3. 林育聖、林儒宏、黃玉如。2021。應用防霜扇降低茶園凍霜害危害—以仁愛茶區為例。茶業專訊 116:14-15。

4. 林育聖、楊小瑩、許淳淇、林儒宏。2020。低海拔茶區春茶霜害紀實與應對策略。茶業專訊 112:1-2。

5. 林儒宏、蕭建興、黃正宗、郭寬福、邱垂豐、林金池。2013。防霜扇應用於臺灣高山茶園防霜之研究。第一屆茶業科技研討會專刊 pp. 127-135。行政院農業委員會茶業改良場。

6. 胡智益、林育聖、葉瑞恩、黃玉如、劉秋芳、林儒宏、吳岳峻。2020。高海拔茶區春茶霜害紀實與應對策略。茶業專訊 112:3-10。

7. 胡智益、劉秋芳、羅士凱、蘇彥碩。2021。茶樹異常氣候之調適作為。作物生產與農業災害防範研討會論文集。pp. 107-132。行政院農業委員會臺中區農業改良場。

8. 陳誌宏、劉千如、邱垂豐、黃文理。2019。不同茶樹品種於乾旱逆境下之外表形態與生理指標之建立。作物、環境與生物資訊 16:150-161。

9. 黃紹欽、黃柏誠、李宗融、吳宜昭、王安翔、宇宜強。2021。反聖嬰對臺灣氣候之影響。臺灣極端氣候與天氣事件回顧與分析 pp. 6-30。國家災害防救科技中心。

10. 楊之遠。1991。農業氣象災害探討。農業氣象災害預防及宣傳講習會專輯。pp. 75-90。交通部中央氣象局。

11. 劉秋芳、邱垂豐。2021。臺灣茶樹歷年天然災害分析。作物科學講座暨研究成果發表會。p. 10。臺灣農藝學會。

12. 劉秋芳、林儒宏、林育聖。2021。110年春茶乾旱情形及因應措施。茶業專訊 115:15-18。

13. 鄭混元。1997。台東茶區焚風對茶樹芽葉生育及製茶品質之影響。茶業專訊 19:3-4。

14. 簡靖華、林儒宏。2014。降雨變化對茶園田間管理之影響情形。因應氣候變遷及糧食安全之農業創新研究 103 年度論文集。pp.154-163。行政院農業委員會農業試驗所。

15. 此本晴夫、後藤昇一、森田明雄、中村順行、小澤朗人。2006。図解茶生産の最新技術栽培編。pp. 160-166。日本靜岡縣茶葉會議所。

16. 農山漁村文化協会。2008。栽培の基礎／栽培技術／生産者事例。茶大百科 II.。pp. 471-481。農山漁村文化協會。

13

茶園病蟲草害及防治

文圖／林秀鎣、陳柏蓁、楊小瑩

一、前言

　　病蟲草害為影響茶樹生產之重要因子，臺灣氣候環境屬高溫多溼，適合病蟲害及雜草的孳長，根據文獻記載臺灣茶樹病害種類調查中，真菌性病害計 45 種、細菌性病害 1 種、線蟲 20 種及 1 種藻類（曾等，2019）；在茶樹上發生的害蟲種類有昆蟲綱 8 目 47 科 173 種及蜘蛛綱蟎蜱亞綱 4 科 6 種，合計 179 種（林和蕭，2004）；茶園雜草種類繁多，根據林（1984）調查結果顯示，茶園雜草種類計有 52 科 166 種，常見的有 85 種，其中禾本科的雜草有 25 種以上，菊科的雜草亦有 25 種以上。雖然病蟲草害種類多，但依據實際田間發生所造成之嚴重度不同，應有相對應之防治措施，並非所有病蟲草害發生皆需要進行防治之投入。本篇針對茶園常見之病蟲草害之鑑別進行介紹，期讀者能掌握病蟲草害發生種類以找尋合適之防治方法，達到精準防治的目的，進而提升茶樹之健康與維持茶菁產量之目的。

二、茶園主要病害

（一）茶赤葉枯病

俗名　：黑欉、炭疽病

．．．

辨識要領

　　葉片與幼嫩枝條被害，嫩芽葉上的病斑呈褐色小斑點後期轉為黑褐色；在嫩枝條上病斑呈黑色，後期莖節乾枯容易折斷（圖 13-1）；成熟葉片上的病徵初期為黃綠色小點，擴大後顏色加深呈赤褐色，上有灰黑色小點，老病斑則為赤紅色至灰色（圖 13-2）（林，2021）。

防治要領

　　本病害重要發生條件為環境溼度，故改善茶園環境如增加日照及通風以降低茶園溼度，可使茶園成為不適發病之環境。

　　本病原菌可自然侵染茶樹幼嫩組織，在茶芽萌發初期若遇本病害好發環境，建議需進行預防性保護措施，以降低茶嫩芽因感染本病而造成損失。

化學防治

1. 依據田間茶芽生長狀況，參考使用公告核准使用之防治藥劑。
2. 有機友善耕作可以參考使用核准登記之枯草桿菌及貝萊斯芽孢桿菌等資材進行防治。

圖 13-1 茶赤葉枯病感染嫩莖產生
黑色病徵。

圖 13-2 茶赤葉枯病於成熟葉片之病徵呈赤紅色至
灰色。

（二）輪斑病

辨識要領

　　點狀褐色至灰白色病斑自葉尖或葉緣開始擴張，大部分病斑呈現明顯的輪狀，感染後期灰色病斑擴大呈塊狀，病斑外緣淡綠至褐色呈波浪狀，該病原菌之子囊（黑色點狀）自病斑中心開始產生，呈同心圓點狀分布（圖 13-3）（林，2021）。

防治要領

1. 機械採收茶園（容易有大量傷口）及苗圃（高溼環境）應特別注意防患本病之發生。
2. 參考茶赤葉枯病之防治要領。

圖 13-3　輪斑病自中心開始產生子囊。

（三）茶餅病

辨識要領

　　主要危害嫩芽及嫩葉，有時也感染嫩梢，病害發生初期葉片上形成小點狀病斑呈淡綠、淡黃或淡紅色透明（圖 13-4），成熟的病斑背面可形成白色子實層（圖 13-5）（林，2021）。

防治要領

1. 增加通風及避免遮蔭。
2. 在病區採茶之工人或剪枝之器械，嚴禁再去採、剪健區茶園之茶樹，且避免發病盛期剪枝。
3. 化學防治：依據田間茶芽生長狀況，參考使用公告核准使用之防治藥劑。

圖 13-4　茶餅病感染茶嫩葉正面。

圖 13-5　茶餅病感染茶嫩葉背面。

（四）茶網餅病

辨識要領

　　初期病斑爲黃綠色小點約 0.2 ～ 0.3 公分，對光照時可見透明小點，慢慢擴大後病斑上有不明顯淺綠色網紋，發病中期肉眼可見一層白色網狀物（圖 13-6），沿葉脈生長成網紋狀（施等，2008），後期罹病葉片枯黃，最後焦黑的掛在樹枝上（圖13-7）（林，2021）。

防治要領

　　參考茶餅病之防治要領。

圖 13-6　葉片背面病徵呈白色網狀物。

圖 13-7　罹病位置後期呈焦黑。

（五）褐色圓星病

辨識要領

　　病斑呈彌漫性墨綠色小斑點，均勻的分布於葉背（圖 13-8），主要發生在老葉及幼葉，在葉背初期爲針狀，顏色呈淡綠色，將病葉對光看時，病斑上的顏色較淡，可擴大到 2 ～ 3 公釐大小，罹病組織的細胞較正常細胞爲腫大，病斑隨著葉片的老化漸漸聚在一起，顏色變深，漸漸凸起（圖 13-9）（林，2021）。

防治要領

1. 注意茶園之田間衛生。
2. 化學防治：依據田間茶芽生長狀況，參考使用公告核准使用之防治藥劑。

▎圖 13-8　褐色圓星病病徵在葉背。

▎圖 13-9　受褐色圓星病危害嚴重之葉片會捲起。

（六）輪紋葉枯病

辨識要領

　　葉片病徵初期爲圓形水浸狀褐色壞疽斑（圖 13-10），感染部位的組織較軟溼，部分病斑可見同心輪紋（圖 13-11），後期逐漸擴大成深褐色不規則乾癟病斑，病斑中央可見灰白色扁圓形繁殖體，嚴重時造成落葉及枝葉乾枯死亡（林，2021）。

防治要領

1. 冬季修剪期，剪枝機若於發病茶園進行修剪工作後，需用 75% 酒精或漂白水稀釋液進行機具消毒後，始得於其他健康茶園進行剪枝，避免交互感染。
2. 化學防治：目前尚無核准登記使用藥劑。

圖 13-10　輪紋葉枯病大面積發生。

圖 13-11　輪紋葉枯病之同心輪紋病徵。

（七）髮狀病

辨識要領

受害枝條上會直接長出許多黑色絲狀物，其為本菌菌絲聚集成條索狀，稱為菌索，可直接由罹病枝上長出。黑色菌索多生長在茶叢中上部位的枝條上，受害嚴重的茶樹，明顯可見枝條或葉片乾枯死亡，其上幾乎為黑色菌索所纏繞（圖 13-12）（林和黃，2019）。

防治要領

1. 田間衛生，去除菌索與剪除附著菌索之枝條，及罹病茶樹樹下之枯枝落葉等，並將其燒毀。

2. 增加通風，將茶樹罹病枝葉剪除，增加樹冠中通風與光照，可降低本病菌菌索密度。

3. 以火焰燒除法來清除茶叢間之菌索，火焰燒灼的時間以不傷及茶芽為主（進行第 1 次燒灼時，若能配合施行全園台刈，效果更佳），但必須每半年進行1 次。

4. 化學防治：目前尚無核准登記使用於防治本病藥劑，在田間大面積管理上仍建議以田間衛生（清源／園）為主。

圖 13-12　髮狀病菌索纏繞茶樹枝條生長。

（八）枝枯病

　　主要危害茶樹的枝條，發病初期茶叢中受害枝條葉面失去光澤，逐漸轉為淡綠色，嫩梢下垂，嚴重失水，最後全枝葉片褐化乾枯，此時枯葉仍然留在枝條上，其他未受害的茶樹枝條仍然十分健旺（圖 13-13）。得病多年的老枝幹其感染部位的皮層部分死亡，其他健全的組織向感染處增生癒合組織，而形成中間凹陷或凹凸不平的潰瘍病徵（圖 13-14）（林，2021）。

防治要領

1. 發病輕微的茶園應徹底的剪除罹病枝條，剪枝後應同時噴藥，以防止病菌再入侵。

2. 發病嚴重的茶樹可進行台刈，並逐一清除老枝條基部之病灶；枯死的茶樹應徹底挖除，並進行全面施藥，此時防治效果恐已事倍功半。剪除或挖除之枯死枝、葉曬乾後應立即燒毀。

3. 夏季若遇乾旱應進行滴灌，發病之茶園在冬季茶樹休眠期，應再進行 1 次剪除病枝之工作。

4. 化學防治：依據田間茶芽生長狀況，參考使用公告核准使用之防治藥劑。

圖 13-13　茶樹枝枯病造成部分枝條萎凋。

圖 13-14　茶樹枝枯病造成枝條潰瘍（不正常腫大）。

（九）藻斑病

辨識要領

　　主要發生於成熟老葉之正面，藻斑近圓形或不規則圓形，顏色為明亮的黃色、橘色或紅色，由一中心點往外輻射生長，牢固的附著於葉面（圖 13-15）（曾，2008）。

防治要領

1. 增加茶樹通風及降低環境溼度。
2. 冬季清園管理時可用含銅之藥劑或資材進行防治。

▌圖 13-15　橘紅色藻斑圓形至不規則病斑。

三、茶園主要蟲害

（一）茶小綠葉蟬

俗名 ：烟仔、趙烟、跳仔、著蜒

••

辨識要領

　　茶樹嫩芽葉受危害初期呈黃綠色，嚴重時茶芽捲縮不伸長，葉呈船形捲曲，葉緣褐變（圖 13-16），終至脫落（林，2021）。

防治要領

1. 定期清除田間雜草，改善通風狀況，可減輕茶芽被危害。
2. 乾旱時期灌溉茶園，適當施肥保持旺盛生機，增加抵抗受害能力。
3. 物理防治：黃色黏紙誘殺。
4. 化學防治：依據田間茶芽生長狀況，參考使用公告核准使用之防治藥劑。

▌ 圖 13-16　茶小綠葉蟬危害嚴重時葉呈船形捲曲，葉緣褐變。

（二）茶角盲椿象

俗名 ：茶蚊子

辨識要領

　　嫩芽葉被茶角盲椿象刺吸後呈圓形斑點，斑點初期呈水浸狀，漸漸變褐色（圖13-17），斑點大小與茶角盲椿象齡期呈正相關（林，2021）。

防治要領

1. 清除闊葉雜草，勿種植遮蔭樹等。
2. 盲椿象會將卵產於幼嫩枝條節間之組織內，應正常採摘及定期修剪枝條。
3. 化學防治：依據田間茶芽生長狀況，參考使用公告核准使用之防治藥劑。

圖 13-17　茶角盲椿象危害嫩葉後造成褐斑病徵。

（三）綠盲椿象

辨識要領

　　成蟲及若蟲皆會取食剛萌芽之茶芽部位，造成芽上有如被針尖刺過的紅褐色點狀傷痕，被害之茶芽會繼續生長一段時間後被害傷口隨茶芽葉生長而逐漸擴大呈穿孔狀（圖 13-18），若在葉緣部位則形成不規則缺口或扭曲變形，孔口或缺口周圍組織形成暈黃狀，但新芽會繼續正常生長（曾，2005）。

防治要領

　　參考茶角盲椿象防治。

圖 13-18　綠盲椿象危害後之病徵。

（四）茶刺粉蝨

俗名 ：黑煙仔、灰煙仔

辨識要領

若蟲寄生在成熟葉片葉背（圖 13-19），吸食養分並分泌蜜露誘發煤煙病（圖 13-20），使得寄主枝葉變黑，阻礙光合作用的進行，造成樹勢變弱（林，2021）。

防治要領

1. 茶園通風良好可減少危害，故管理上宜注意通風狀況。
2. 化學防治：依據田間茶芽生長狀況，參考使用公告核准使用之防治藥劑。

圖 13-19 若蟲寄生在成熟葉背。

圖 13-20 茶刺粉蝨造成之煤煙病。

（五）蚜蟲

俗名 ：龜神

辨識要領

　　茶樹蚜蟲主要發生在春季及秋季，蚜蟲會群聚危害茶樹嫩芽葉部分（圖 13-21），其若蟲及成蟲會同時出現在單一芽葉上取食危害，受危害之茶芽葉會生育不良，葉片呈較小及捲曲狀。由於蚜蟲會分泌蜜露，不僅誘引螞蟻協助其移動，其形成特殊之共生關係，該蜜露亦會造成葉面之煤煙病生成（林，2021）。

防治要領

　　以瓢蟲及草蛉等天敵昆蟲進行生物防治。

圖13-21　蚜蟲聚集在茶嫩芽葉危害，造成茶嫩葉捲曲。

（六）小黃薊馬

俗名 ：茶黃薊馬

辨識要領

　　害蟲在嫩葉背面刺吸汁液，刺吸部位形成條狀褐斑（圖 13-22），嫩葉變形且生長不良，常有近平行主脈結痂狀病徵，或因茶樹葉片組織受破壞，使得葉背呈褐色（林，2021）。

防治要領

1. 採茶作業及改善茶園之通風性可減少薊馬之發生，降低本蟲的發生密度。
2. 化學防治：依據田間茶芽生長狀況，參考使用公告核准使用之防治藥劑。

圖 13-22　小黃薊馬危害嫩葉後造成條狀褐斑病徵。

（七）茶葉蟎

俗名 ：茶紅蜘蛛

辨識要領

　　主要危害葉面，成熟葉片被危害後在葉面呈現銹褐色（圖 13-23），嚴重被害時，則造成葉片脫落，使茶樹無法行光合作用，造成樹勢減弱，進而影響茶菁產量（林，2021）。

防治要領

1. 茶園增設噴灌設施，可減少茶葉蟎發生的密度。
2. 利用釋放天敵如溫氏捕植蟎或基徵草蛉等降低田間害蟎密度，減少茶芽受害。
3. 化學防治：依據田間茶芽生長狀況，參考使用公告核准使用之防治藥劑。由於田間害蟎易生抗藥性，應常更換所使用的藥劑。

圖 13-23 茶葉蟎危害成熟葉後，葉面呈現銹褐色。

（八）錫蘭偽葉蟎

俗名：錫蘭茶蜘蛛、錫蘭偽蟎、紅蜘蛛

辨識要領

　　害蟎主要聚集葉片基部靠近葉柄處危害（圖 13-24），逐漸向葉背全葉蔓延，被害葉背呈暗灰褐色，嫩葉呈黃褐色，嚴重時葉背呈黃褐色，葉片硬化向內曲折，終至落葉（林，2021）。

防治要領

　　參考茶葉蟎防治。

圖 13-24　錫蘭偽葉蟎自葉片基部及葉柄開始危害。

（九）神澤氏葉蟎

俗名 ：紅蜘蛛

辨識要領

　　主要危害葉背，受害嫩葉的葉面，初期呈淡黃綠色斑點，嚴重時葉片畸形，葉尖朝上，容易脫落，茶芽停止生長（圖 13-25）。受害之成葉葉背呈赤褐色，葉面無光澤。

防治要領

1. 提早採茶，降低葉蟎對嫩芽之危害。
2. 利用釋放天敵如溫氏捕植蟎或基徵草蛉等降低田間害蟎密度，減少茶芽受害。
3. 化學防治：依據田間茶芽生長狀況，參考使用公告核准使用之防治藥劑。由於田間害蟎易生抗藥性，應常更換所使用的藥劑。

圖 13-25　茶樹嫩葉受神澤氏葉蟎危害後呈淡綠色斑點。

（十）潛葉蠅

俗名 ：畫圖蟲

辨識要領

幼蟲在上表皮下潛食，造成銀白色孔道狀（圖 13-26），大多數茶園均會發生，但通常只危害零星茶樹的 1、2 片葉（林，2021）。

防治要領

目前尚無登記核准使用藥劑。

▌ 圖 13-26　潛葉蠅幼蟲鑽食葉肉。

（十一）茶蠶

俗名 ：軟蟲、茶客、烏秋蟲

辨識要領

幼蟲群集於葉背取食（圖 13-27），一、二齡幼蟲食量小，三、四齡幼蟲食量漸增加，取食整個葉片，五齡幼蟲後則分散數群危害，其食量驚人，使茶叢往往只剩枝幹，危害輕時遠望呈塊狀，嚴重時整片茶園只剩枝幹（林，2021）。

防治要領

1. 利用幼蟲群集習性行人工捕捉及摘除卵塊。
2. 冬季施行深耕除去土中之蛹。
3. 發生較多時可進行點噴式施藥。
4. 化學防治：依據田間茶芽生長狀況，參考使用公告核准使用之防治藥劑。

圖 13-27　茶蠶三齡幼蟲群集在茶樹枝條上取食葉片。

（十二）茶捲葉蛾

俗名：青蟲、捲心蟲

辨識要領

　　茶捲葉蛾危害成葉，幼蟲分散後隨即吐絲將 2 片葉黏在一起，棲於內面取食，隨著幼蟲長大，再將附近 2、3 片葉黏在一起，棲息於內面繼續取食葉肉，被害葉常留下表皮呈紅褐色（圖 13-28）（林，2021）。

防治要領

1. 以人工摘除卵塊。
2. 在 9 月中旬開始利用性費洛蒙防治至隔年 3 月為止，受害茶園每隔 20 公尺設置一誘蟲盒，誘蟲盒懸掛在離茶樹採摘面約 45 公分處，誘引源每個月更換 1 次。
3. 化學防治：依據田間茶芽生長狀況，參考使用公告核准使用之防治藥劑。

圖 13-28　茶捲葉蛾危害之葉片呈紅褐色。

（十三）茶姬捲葉蛾

俗名 ：青蟲、捲心蟲

辨識要領

幼蟲危害嫩葉及芽，幼蟲共有五齡，初孵化的幼蟲棲息於茶芽內或未展開的嫩葉邊緣內取食，進入二齡後吐絲由嫩葉葉尖向中心捲起（圖 13-29），藏匿其內危害，三齡後亦危害成葉（林，2021）。

防治要領

1. 縮短採茶週期，可減少危害
2. 在 2 月中旬開始利用性費洛蒙防治至 9 月為止，氣候溫暖茶園則建議全年吊掛。受害茶園每隔 20 公尺設一誘蟲盒，幼蟲盒懸掛在離茶樹採摘面約 45 公分處，誘引源每個月更換 1 次。
3. 化學防治：依據田間茶芽生長狀況，參考使用公告核准使用之防治藥劑。

▌ 圖 13-29　茶姬捲葉蛾將茶嫩葉捲起進行危害。

（十四）黑姬捲葉蛾

俗名　：包心蟲、捲葉蟲

辨識要領

　　初孵化的幼蟲爬到心芽裡，棲息在茶芽內危害，隨茶芽的伸長，將茶芽與嫩葉用絲纏在一起，作點狀纏住危害，受害嫩莖及嫩葉因而彎曲呈 P 型（圖 13-30）（林，2021）。

防治要領

1. 縮短採茶週期，可減少危害。
2. 化學防治：依據田間茶芽生長狀況，參考使用公告核准使用之防治藥劑。

圖 13-30　黑姬捲葉蛾危害茶嫩芽葉呈 P 型。

（十五）茶細蛾

俗名 ：三角捲葉蟲

辨識要領

　　初孵化的幼蟲在葉主脈下表皮內潛葉危害，形成曲線薄膜，第三齡幼蟲遷移到葉緣附近危害，並由葉緣向葉背捲起危害，老齡幼蟲轉移到嫩葉，再把嫩葉捲成三角形（圖 13-31）繼續危害（林，2021）。

防治要領

1. 縮短採茶週期，可減少危害。
2. 化學防治：依據田間茶芽生長狀況，參考使用公告核准使用之防治藥劑。

┃ 圖 13-31　茶細蛾將嫩芽葉捲起呈三角形。

（十六）黑點刺蛾

俗名 ：黑點扁刺蛾、刺角蟲、圓刺毛

辨識要領

一、二齡幼蟲多棲於葉面囓食上表皮及葉肉，僅留下表皮；三、四齡幼蟲則移往葉背危害，此時則留上表皮；五齡以後食量增加，多囓食全葉或僅留葉之主脈；至六、七齡時受害葉片之傷口呈刀切狀，為極明顯之特徵（圖 13-32）（林，2021）。

防治要領

依據田間茶芽生長狀況，參考使用公告核准使用之防治藥劑。

▎圖 13-32　黑點刺蛾幼蟲。

（十七）茶毒蛾

俗名 　：茶毛蟲、毒毛蟲、刺毛狗蟲

辨識要領

　　初齡幼蟲群集葉背囓食（圖 13-33），留下表皮呈黃褐色，並留一半左右之葉片未加害而移食它葉，進入第三齡幼蟲期後由葉緣取食，留下不整缺刻（林，2021）。

防治要領

1.　隨手摘除卵塊及群集幼蟲。
2.　成蟲有強烈趨光性，可用誘蛾燈誘殺。
3.　冬季深耕減少族群密度。
4.　化學防治：依據田間茶芽生長狀況，參考使用公告核准使用之防治藥劑。

▌圖 13-33　茶毒蛾幼蟲聚集取食茶樹葉片。

（十八）茶避債蛾

俗名 ：布袋蟲、蟲包、燈籠蟲

辨識要領

　　幼蟲經孵化後 1 ～ 2 小時吐絲做一小袋，此後一生居於袋內，取食時將頭伸出袋外，移動時蟲及袋一併帶走，幼蟲嚙食葉片呈不規則圓形之傷痕（圖 13-34），幼蟲以細小枝梢縱綴成袋（圖 13-35）（林，2021）。

防治要領

1. 隨時採集蟲袋，將之焚毀。
2. 化學防治：依據田間茶芽生長狀況，參考使用公告核准使用之防治藥劑。

圖 13-34　茶避債蛾初期危害茶葉造成多點孔洞徵狀。

圖 13-35　茶避債蛾蟲袋。

（十九）尺蠖蛾

俗名 ：拱背蟲、造橋蟲

・・・

辨識要領

　　本蟲屬於雜食爆發性害蟲，因食量大、蟲口眾多，危害初期葉片出現不整齊孔洞及缺刻（圖 13-36），危害後期茶樹綠葉均被其蠶食殆盡，僅存枝條與茶果（林，2021）。

防治要領

1. 發生後隨即耕犁以殺死土中之蛹，減少下次發生密度。
2. 化學防治：依據田間茶芽生長狀況，參考使用公告核准使用之防治藥劑。

▌ 圖 13-36　尺蠖蛾危害初期造成葉片呈小孔狀。

（二十）咖啡木蠹蛾

俗名 ：鑽心蟲、白蛀蟲、咖啡蛀蟲

辨識要領

　　成蟲產卵於枝條縫隙或腋芽間，沿木質部周圍蛀食，造成一橫環食痕，環痕以上部分枯死，易受風吹而折斷（圖 13-37），田間發現如受害枝條愈粗，則幼蟲齡期愈大，幼蟲有遷移習性（林，2021）。

防治要領

1. 在春季及秋季羽化期適時施用藥劑可一併防治其他同時發生的害蟲，如小白紋毒蛾、臺灣黃毒蛾、斜紋夜蛾等。
2. 發現被害枝條或植株時，即予剪除燒毀。

圖 13-37　咖啡木蠹蛾幼蟲危害茶樹枝條造成枝條中空。

（二十一）臺灣白蟻

俗名 ：白蟻

辨識要領

　　臺灣白蟻危害茶樹的根與莖，危害莖時，在枝條外側覆上一層泥土，棲於內面危害，受危害之枝條乾枯死亡。危害地下根部時，則順著根系周圍築成一坑道危害（圖 13-38）（林，2021）。

防治要領

　　宜徹底清園，枯木倒樹應立即加以處理，勿任予棄置茶園中，以避免臺灣白蟻發生。

圖 13-38　臺灣白蟻危害樹皮造成枝條死亡。

（二十二）蠐螬

俗名 ：雞母蟲

辨識要領

　　剛孵化之幼蟲，咬食靠近地際部之茶樹地下莖及根部皮層（圖 13-39），隨成長而危害根部先端和木質部，受害部位留有被咬的痕跡。幼木茶樹受害後整株枯死，成木茶樹則首先萌芽率遞減，樹勢衰退，葉片逐漸彎黃，冬季有明顯的落葉現象（林，2021）。

防治要領

1.　田間衛生：5 ～ 8 月間，成蟲出現產卵時，徹底清除茶園雜草，可減少受害。
2.　燈光誘殺：於成蟲出現盛期，用捕蟲燈捕殺成蟲。

圖 13-39　蠐螬棲息於茶樹根圈周邊土壤。

（二十三）介殼蟲

辨識要領

　　介殼蟲形態多，不同種類會聚集危害不同茶樹部位，包括危害枝條的角蠟介殼蟲、盾介殼蟲；危害葉片的山茶圓介殼蟲、淡薄圓盾介殼蟲等（圖 13-40），蟲體密度高時並誘發煤煙病，促使樹勢更加衰弱（林，2021）。

防治要領

1. 茶園通風良好，日照充足可降低本害蟲發生。
2. 春季或冬季修剪枝條亦可減少其密度。
3. 發生嚴重時，宜剪除被害枝條或配合台刈，並將枝條燒毀。
4. 化學防治：依據田間茶芽生長狀況，參考使用公告核准使用之防治藥劑。

角蠟介殼蟲

盾介殼蟲

山茶圓介殼蟲

並盾介殼蟲

球粉介殼蟲

淡薄圓盾介殼蟲

圖 13-40　茶樹上的介殼蟲。

四、茶園主要雜草

　　雜草是指生長在吾人不希望其生長之地之植物（Buchholtz, 1967），簡言之，雜草即「生非其地」之植物。雜草的另一個定義，是指特定時空中，對人類有害的植物，凡是危害農作物生產、環境品質、景觀者皆屬之。近年來基於生物多樣性的考量，適當的雜草定義應該為「尚未被發覺其特殊用途且予以經濟性栽培的植物」。臺灣氣候溫暖多溼，農地極易遭遇多種雜草入侵，因養分或水分競爭，造成部分農作產量或品質損失。

　　臺灣地處熱帶、亞熱帶及溫帶（高山地區），氣候溫暖潮溼，茶園雜草繁殖相當快速及茂盛，每逢春夏之際，雜草繁茂，每當下雨過後，就實難以下手。此外，亦有季節性差異，雨水多之季節闊葉草類相對多；高溫季節則以禾本科草較多。常見雜草有鬼針草、咸豐草、昭和草、霍香薊、野茼蒿、鼠麴草、酢漿草、龍葵、扛板歸、心葉母草、馬蹄金、車前草、刺莓、闊葉破得力、馬唐、牛筋草等為主要的雜草相。至於火炭母草、旱辣蓼、雀稗、稗草、狗牙根、鋪地黍、狗尾草及香附子等發生量次之。所有這些雜草，對環境有較強的適應性，抗旱、耐貧、吸肥及吸水力強、生長迅速，傳播蔓延快，易形成草欺茶苗。一般來說，禾本科及莎草科草類危害潛力高，防治較為困難（林，2000）。

　　植物型態可分為狹葉型的單子葉植物，如禾本科（圖 13-41）及莎草科（圖 13-42）；或闊葉型的雙子葉植物（圖 13-43）。

圖 13-41　禾本科－牛筋草。

圖 13-42　莎草科－香附子。

圖 13-43　闊葉型－大花咸豐草。

生長習性可分為

1. 依生長週期分爲：一年生草本、二年生草本，生活期三年以上爲多年生草本或木本植物（圖 13-44）。

圖 13-44　一年生草本－紫花藿香薊；二年生草本－龍葵；多年生草本－芒草；多年生木本植物－茄苳樹（左至右）。

2. 依適宜生長環境分爲：水生雜草、蔓性植物、寄生植物、木本植物等（圖 13-45）。

圖 13-45　左：蔓性植物－雞屎藤；中：寄生植物－松蘿；右：木本植物－樟樹。

五、茶園雜草防治技術

（一）預防性防治措施

避免雜草生長至開花結種子。

（二）茶園田間雜草發生前之管理

1. 茶園田間旁或防風林盡量不要種植多年生木本植物。
2. 田間管理除草應及時，避免雜草開花結實或地下走莖與塊根等四處延伸。

（三）草生栽培

1. 草生栽培之選擇

以枝葉茂盛、株型低矮、節部可生根、根部固著力強，可減低雨水沖刷與逕流、無攀緣性、無刺、不妨礙茶樹生長及園區管理作業、競爭性弱、根分泌物無毒害作用者，為理想之地被植物（圖 13-46）。

2. 草生栽培之管理

草生草種植初期，為減少競爭，需定期施肥及割除其他雜草，割下之草可敷蓋於茶樹行間或周圍（圖 13-47）。新墾茶園於整地前，應先將茅草等多年生宿根性雜草挖除，整地後撒播根系淺、草莖低矮、具匍匐性、被覆性強之本地草種，或放任雜草自然生長，在開花前利用割草機割除地上部，數年後成為禾本科草或闊葉草之單一草相。

3. 實施草生栽培應注意事項

病媒寄生、水分與養分之競爭，及對土壤性質、品質與產量、耕作等之影響，為採行草生栽培之前需思考之問題。茶樹植冠下栽培之覆蓋作物，需面對其他雜草養分及水分之競爭、照光不足等逆境，因此，覆蓋作物需具有耐旱、耐陰等特性，同時對養分及水分之利用及分配效率高，分枝多，再生力強之匍匐型蔓生植株。一般蔓生植株較直立形者易於適應環境的變化。

圖 13-46　茶園草生栽培。

圖 13-47　茶園草生栽培人工割草（左），當做敷蓋作用（中、右）。

（四）物理性防治

1. 使用人力及機械，是最廣泛的除草方式，包括使用割草機人力（圖 13-48）。

圖 13-48　茶園人力或機械除草。

2. 覆蓋與敷蓋

⑴覆蓋是指在茶樹行間間植草類或豆科綠肥作物（圖 13-49）。茶樹行間種植草類有抑制其他雜草生長之功能。適於臺灣茶園種植之禾本科覆蓋植生草類，有百喜草、類地毯草、黑麥草。生長期短、矮生、莖葉柔軟、具匍匐性，為適當可選留之覆蓋草類，包括酢漿草、雷公根等。

圖 13-49　茶園行間種植魯冰花（左）或蔓花生（右）作為覆蓋。

⑵ 敷蓋則於茶行間放置無生命之資材，如植物殘株、農林產品加工廢棄物、合成塑膠布膜及植體殘質敷蓋田面，可因遮光、升高土溫、殘株釋出剋他化合物、形成物理性障礙及競爭資源等作用，抑制雜草之萌發及生育。茶園常用之有機質敷蓋材料有稻草、穀殼、花生殼、甘蔗渣、塑膠布等（圖 13-50）。

圖 13-50　茶園敷蓋花生殼（左）、狼尾草（中）及黑色遮光網（右）抑制雜草孳生。

3.　擴大茶樹的自然遮蔭

來自樹冠之自然遮蔭，可有利抑制雜草在茶樹行間之繁茂生長（圖 13-51）。茶樹為多年生木本作物，不需經常耕犁翻動土壤，成木茶樹的樹冠幾乎可完全覆蓋地表，且根系發達，亦是一種良好的水土保持覆蓋作物之一。

圖 13-51　擴大茶樹樹冠有利抑制雜草

4.　耕耘除草

選擇晴天或雨後土壤稍乾燥時進行中耕除草。避免在雨天或雨季期間中耕除草，造成表土沖蝕或土壤結塊，如確需除草，可用刈草方式或將惡性雜草拔除即可（圖 13-52）。中耕除草的時間幼木茶樹中耕宜淺，茶樹周圍之雜草只能用手拔除，以免傷及根莖；成木茶樹中耕宜深，一般成木茶樹行間耕作以深度不超過 30 公分，寬度不超過 40 ～ 50 公分，即行間可進行深耕，茶樹根際兩旁以淺耕為宜。

圖 13-52　茶園中耕除草。

（五）生物防治

為利用病原、昆蟲、動物等生物去除雜草。

1. 家禽家畜除草

在成木茶園放養雞、鴨、牛、羊啃食幼嫩雜草，以控制雜草族群及數量。

2. 微生物除草劑

分為生物源及植物源。生物源除草劑主要有細菌、真菌及其代謝物等，植物源主要運用植物相剋作用（allelopathy，又稱化感作用），例如美國用於有機農業除草產品包含植物精油或天然脂質及皂劑等，國內有農業藥物毒物試驗所研發之真菌性生物除草劑防治菟絲子（袁和謝，2012）。

六、病蟲草害整合性管理

整合性管理（害物整合性管理，Integrated Pest Management, IPM）主要包括 3 項基本原則：1. 將害物族群維持於經濟危害之下，而非徹底滅除；2. 降低害物族群時，應以非化學製劑的防治方法為優先，化學藥劑為最後防治手段；3. 當使用化學藥劑時，宜選擇對生物、人類及環境影響最低的藥劑。因此，「整合管理」的定義可解釋為在農業經營系統下，利用多元化防治方法控制害物族群，降低其經濟危害至可接受標準下，意即維持生態平衡的狀態，而非「趕盡殺絕」。進而降低作物損失，並配合正確使用農藥，生產高品質作物，兼顧有益生物、人類及環境的作物管理方法，有機友善及慣行茶園皆可導入本管理觀念。

IPM 之管理策略應掌握下列原則：1. 可實際執行（practical）且簡單易行；2. 施行之最有效時機極易掌握；3. 符合經濟（economical）原則，實際施行時所須耗費之人力及時間，須不超出栽培管理所能容許之最高限；4. 切合實際（realistic），具彈性但可確實執行；及 5. 可貫徹完成者（achievable）（林，2021）。

七、化學農藥防治

以化學合成為原料之農藥稱之為「化學農藥」，是慣行茶園中主要用來防治病

蟲害的資材。依農業委員會動植物防疫檢疫局統計資料〔統計至民國 111 年（2022）2 月 11 日〕，臺灣共登記 519 種成品農藥，以殺菌劑登記 220 種為最多，核准登記使用在茶園之農藥共 90 種，包含單劑 77 種、混合劑 10 種及費洛蒙製劑 3 種（登記使用於特用作物，包含小菜蛾性費洛蒙、斜紋夜蛾費洛蒙及甜菜夜蛾費洛蒙）。

　　茶農在進行茶園病蟲害管理時，應針對欲防治對象選擇有核准登記使用在茶園的農藥，並考量各種藥劑之稀釋倍數、使用時期、施用次數、安全採收期及用藥量等，再與農藥價格進行防治成本估算，作為藥劑選擇的參考，並且不要購買標示不清或包裝破損的農藥。當有多種農藥可供防治選擇時，建議選用毒性最低的種類，或選用可同時防治多種害物的藥劑，除了減少農藥使用量，也可降低田間管理所需成本。臺灣負責農藥登記業務的主管機關為動植物防疫檢疫局，農民可參考農藥資訊服務網以獲得最新農藥公告資訊。

　　茶園以化學藥劑防治雜草有下列選擇及施用方法：化學除草劑可分為選擇性及非選擇性、接觸型和系統型等分類（蔣和蔣，2006）。依除草劑作用機制而言，有葉部吸收、根部吸收、抑制種子發芽，或針對禾草或闊葉雜草等作用。茶園除草劑之選用需視田區草相及環境而定，地勢較高之茶園，要注意水土保持。一年生草本或闊葉草較多之茶園，以及雨水較多季節，可選用接觸型藥劑；多年生草或禾本科草較多時，需用系統型除草劑。需要保留低矮小草之茶園，使用之除草劑殘效勿過長，避免抑制新草長出；若需長時間保持無草，可用殘效較長之藥劑。目前在茶園雜草防除方面，登記有理有龍、達有龍及三福林等萌前藥劑；亞速爛、嘉磷塞及伏寄普等為萌後藥劑可供推薦使用。

　　由於化學農藥使用時有各自使用方式及安全採收期相關規定，各試驗改良場亦不斷研發新型藥劑防治病蟲草害，例如茶業改良場以食用級冰醋酸 10 % 與稀釋 400 倍礦物油作為除草資材，亦可達到快速除草且無化學殘留之效果，可作為茶農無人力作人工除草時應急所需（許等，2021）；農業藥物毒物試驗所亦於民國 108 年（2019 年）登錄「壬酸」於動植物防疫檢疫局－農藥資訊服務網－免登記植物保護資材專區，作為非選擇性接觸型藥劑，對雜草幼苗防治效果佳。且壬酸在環境中無累積現象，易被微生物分解。

八、茶葉農藥殘留監測

　　臺灣對於農藥之核准登記及殘留容許量標準訂定，分別由行政院農業委員會及衛生福利部依權責辦理。由農業藥物毒物試驗所針對病蟲害發生紀錄、藥效試驗報告及藥害紀錄等評估有效性，再依據殘留量試驗報告、藥劑限制擴大使用與否、水生生物毒性等評估安全性，評估結果經農業藥物毒物試驗所初審後送動植物防疫檢疫局農藥技術諮議會審議，最終通過使用範圍由動植物防疫檢疫局公告農藥使用方法，同時建議殘留容許量草案送交衛生福利部訂定農藥殘留容許量標準。

　　為了確保農產品的安全性及食用者的健康，政府每年皆會針對農作物及其市售農產品進行農藥殘留抽檢。經整理民國 103 ～ 108 年（2014 ～ 2019）茶葉農藥殘留監測結果，由縣市政府衛生局針對市售茶葉產品共抽檢 1,513 件，平均合格率為97.94 %；由縣市政府及農糧署各區分署人員於茶園、製茶廠等進行茶菁或茶乾採樣，共抽檢 10,787 件檢驗，平均合格率為 97.70 %（表 13-1）。

▼ 表 13-1　民國 103 ～ 108 年（2014 ～ 2019 年）茶葉農藥殘留監測情形

樣品來源	民國（年）	103	104	105	106	107	108
市售茶葉產品	監測件數	90	730	154	130	115	294
	合格率	96.67%	94.79%	98.05%	98.46%	100.00%	99.66%
上市前抽檢	監測件數	1,558	1,556	1,670	2,003	2,089	1,911
	合格率	96.60%	96.98%	98.86%	97.20%	98.09%	98.48%

　　針對茶葉農藥殘留檢驗不合格案件，農糧署、縣市政府及茶業改良場會針對生產不合格產品之農民進行用藥輔導，以加強茶葉產品上市前之用藥管理。茶農平時在進行病蟲害防治時，可藉由詳細記載茶園使用農藥種類、防治對象、稀釋倍數及安全採收期等資訊，了解自家茶園病蟲害發生情形，也可避免重複用藥以減少管理成本，及避免茶葉上農藥殘留值超過容許量標準之疑慮。

九、結語

　　茶園中經常發生不同種病蟲草害，若要能有效管理病蟲草害達保護茶樹及維持產量，需要在第一步之正確診斷開始。田間雜草對環境有較強的適應性，抗旱、耐貧、吸肥及吸水力強、生長迅速，傳播蔓延快，易形成草欺茶苗。茶園雜草叢生，不僅與茶樹爭水、光及肥，嚴重影響茶樹正常生長發育，且亦會傳播病蟲害，如不及時清除雜草，任其滋長蔓延，便會產生草害，嚴重的會造成草荒，逐步吞沒整片茶園。要生產安全優質的好茶，除了改善製茶加工技術外，茶菁原料的條件更為重要。為了提高茶菁品質，除了田間栽培管理技術，病蟲害的防治管理也是重要的一環。正確和適當的用藥，除了可降低噴藥者本身的風險，更能提高茶葉產品的品質與安全，也能兼顧友善環境。

十、參考文獻

1. 林木連、蕭素女。2004。植物保護圖鑑系列－茶樹保護。pp. 2-8。行政院農業委員會動植物防疫檢疫局。

2. 林木連。2000。有機農業的雜草防治。作物有機栽培應用技術。pp. 85-89。行政院農業委員會農業試驗所。

3. 林秀櫻、黃玉如。2019。茶髮狀病化學藥劑篩選與田間防治。臺灣茶業研究彙報 38:1-10。

4. 林秀櫻。2021。茶園病蟲草害整合管理（IPM）。pp. 17-133。五南圖書出版股份有限公司。

5. 林品才。1984。茶園雜草防除。臺灣省茶業改良場。

6. 施欣慧、傅春旭、謝煥儒。2008。臺灣地區茶科植物之外擔子菌調查研究。臺灣茶業研究彙報 27:73-84。

7. 袁秋英、謝玉貞。2012。生物除草劑之研發與應用。農政與農情 243:88-94。

8. 許飛霜、曹碧貴、林秀櫻、陳柏蓁、黃正宗、黃玉如。2021。茶園減藥技術之研究。臺灣茶業研究彙報 40:39-54。

9.　曾方明。2008。臺灣茶樹藻斑病。臺灣茶業研究彙報 27:85-88。

10.　曾信光。2005。高海拔茶區發生之盲椿象－綠盲椿象之生態與防治。茶業專訊 52:12-13。

11.　曾顯雄、曾國欽、張清安、蔡東纂、嚴新富（編）。台灣植物病害名彙（第五版）。2019。pp. 52-55。中華民國植物病理學會。

12.　蔣永正、蔣慕琰。2006。農田雜草與除草劑要覽。行政院農委會農業藥物毒物試驗所。

13.　Buchholtz, K. P. 1967. Report of the terminology committee of the Weed Science Society of America. Weeds 15: 388-389.

14

茶葉採摘

文圖／蔡憲宗、胡智益

一、前言

　　茶樹的經濟產量來自於前一季茶葉採摘或修剪過後，重新萌發之嫩芽及葉片（圖 14-1），經過一段時間的孕育生長，可達最適採摘期（圖 14-2），而採摘的時間視不同茶類有其最佳標準，而採摘下來供應製茶的原料，包括茶樹的嫩梢與芽葉，稱為「茶菁」。茶菁的採摘方式可因人力需求而調整、最適採摘標準也會因製茶種類而有不同，以下分別敘述。

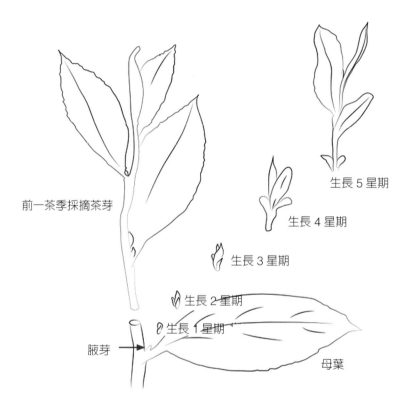

前一茶季採摘茶芽

生長 5 星期

生長 4 星期

生長 3 星期

生長 2 星期

生長 1 星期

腋芽

母葉

■ 圖 14-1　當季茶芽來自於前一季茶葉採摘或修剪過後，重新由腋芽萌發之嫩芽及葉片（圖片引用於 Carr (2018)）。

▍　圖 14-2　茶芽萌芽期、生長發育期、採摘期。

二、茶葉採摘方式

　　茶葉的採摘因應農業勞動力不足與相關機械的引進與開發，衍生出手採與機採兩種方式。

（一）手採

　　手採茶是以人工方式將茶芽逐個採收，優點是採收到的茶芽非常整齊，可提升整體的製茶品質，進而增加終端茶葉販賣的價格；然而，其缺點為採茶時易發生季節性缺工、且人工成本較機採昂貴。

　　手採茶的方式有很多種，包括單純手採及手指掛刀片採收等，以下分別敘述：

1.　單純手採

　　因採茶工的手勢、習慣與製茶目的而略有差異，衍生出不同採摘方式，如「雙手摘」是利用兩手的食指與拇指夾住採摘位置的節間，藉二指彈力向上將茶芽摘斷（圖 14-3）；「橫摘」是利用掌心向下，拇指朝內，用食指壓住，利用拇指施力，向外採收。此外，也會有一種較粗劣的採摘方式，一手拉住茶枝，一手由枝下向上用力拉上，或由枝上拉下，不管老嫩葉，盡入手掌中（黃，1954），此法不但不利於製茶品質，對於茶樹後續生長勢，影響甚大。

▍ 圖 14-3　雙手採茶。

2. 手指掛刀片採收

　　某些生產部分發酵茶的茶區（如高山烏龍茶區），其採收茶芽達一心三、四葉以上，由於過於成熟的芽葉枝梗會出現纖維化，會影響手採效率，故部分採茶工爲加速採茶速度，會直接在手指上掛上刀片，利用刀片切斷枝條，不但可增加採茶效率，也避免採摘切口不齊問題（圖 14-4）。

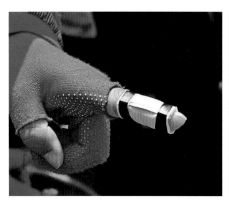

▍ 圖 14-4　手指掛刀片近照（左）與掛刀片手採情形（右）。

（二）機採

機械採收是因應大規模茶園以及缺工問題所發展出來的採茶方式。優點是可提升採收效率、提升製茶量、掌握最佳採茶時機等；缺點為需要平整採摘面的茶園（圖14-5），若茶園管理不好、茶芽生長不整齊時，容易採到太老的茶芽或茶樹枝條，而使製茶品質下降，降低茶葉販賣價格。

圖 14-5　茶園已有平整採摘面，適用於機械採收（左）；茶園無平整採摘面，僅適用於人工採收（右）。

機採茶的方式有很多種，包括手持輔助工具（鋏剪）採收與動力式採茶機，以下分別敘述：

1. 持輔助工具採收

本法又稱為「鋏剪法」，由日本創始（黃，1954），利用手持輔助工具（鋏剪）進行茶芽採收，雙手握住鋏剪把手，其中一隻手同時握住茶菁袋後進行採收（圖14-6）。其優點為採茶效率較傳統手採好，屬於無動力機械，免能源（動力來源為人力）；缺點為採茶效率不如其他動力機械，採茶常混入老葉、魚葉與老枝，茶菁品質不如手採，目前鋏剪法已被動力式採茶機取代。

圖 14-6　鋏剪（左）與利用鋏剪採茶（右）。

2. **動力式採茶機**

　　動力式採茶機又可分為單人式、雙人式及乘坐式（圖 14-7），而乘坐式採茶機又區分為換袋型與箱型，茶農可依據茶園土地平整度、勞動力與機械投資成本選擇最佳機具進行採茶。

圖 14-7　雙人式採茶機採茶（左）與換袋型乘坐式採茶機採茶（右）。

三、茶葉採摘標準

　　茶葉的採摘依照不同的製茶種類要求，有不同的標準，即不同製茶類型，所需的茶菁成熟度不同。而採摘標準又因手採與機採類別不同，衍生出兩大類別標準。

（一）手採

手採茶菁依據不同製茶種類的標準如表 14-1：

▼ 表 14-1　手採茶菁依據不同製茶種類之標準

茶類	採摘時期	手採標準
綠茶	對口芽比率 10 % 以內	一心一至二葉
條形包種茶	對口芽比率 60 ～ 70 %	一心二至三葉及對口芽二至三葉
高山茶、凍頂烏龍茶、鐵觀音	對口芽比率 20 ～ 30 %	一心二至三葉及對口芽二至三葉
東方美人茶	茶芽經小綠葉蟬刺吸	一心一至二葉
紅烏龍	對口芽比率 20 ～ 30 %	一心二至三葉及對口芽二至三葉
蜜香紅茶	茶芽經小綠葉蟬刺吸	一心一至二葉
紅茶	對口芽比率 10 % 以內	一心二至三葉

1. 綠茶、紅茶

在茶樹長到一心五、六葉以上，大約整個茶行出現對口芽比例小於 10 % 的時候，採摘一心一至二葉（圖 14-8、14-9）。採下的嫩芽含有比較多兒茶素、胺基酸的成分，可以提供製作綠茶的鮮爽風味，又可以提供紅茶發酵原料所需的兒茶素，以增加紅茶的收斂性。

2. 條形包種茶

在茶樹長到一心五、六葉以上，大約整個茶行出現對口芽比例介於 60 ～ 70 % 的時候，採摘一心二至三葉與對口芽二至三（圖 14-10）葉。包種茶首重清香，因此，採摘的茶芽必須較其他茶類來的更成熟，以最大幅度的減少澀味的產生，而使成茶得以出現類似茉莉花、蘭花的香氣。

3. 高山茶、凍頂烏龍、紅烏龍、鐵觀音

在茶樹長到一心五、六葉以上，大約整個茶行出現對口芽比例介於 20 ～ 30 % 的時候，採摘一心二至三葉與對口芽二至三葉（圖 14-10）。這類茶類首重花果香，因此，採摘的茶芽較綠茶、紅茶來的成熟，以減少兒茶素類所帶來的澀味。

4. 東方美人、蜜香紅茶

在茶樹長到一心一至二葉時，遭小綠葉蟬刺吸，在茶芽尚未褐化、纖維化時，採摘一心一至二葉。此類茶菁受危害之後，無法繼續生長，茶芽會漸漸由綠色轉黃

綠色，直到出現褐色邊緣，葉片向內捲成船型。製作成茶時會產生特殊的蜂蜜、熟果香。

一心一葉 　　　　　　　　　　　　　　　　　一心二葉

圖 14-8　綠茶手採茶菁標準圖（圖片品種為青心柑仔）。

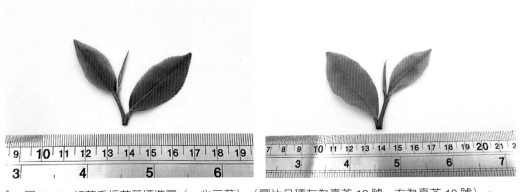

圖 14-9　紅茶手採茶菁標準圖（一心二葉）（圖片品種左為臺茶 12 號，右為臺茶 18 號）。

一心三葉 　　　　　　　　　　　　　　　　　對口芽三葉

圖 14-10　部分發酵茶類手採茶菁標準圖（圖片品種為臺茶 12 號）。

（二）機採茶菁依據不同製茶種類的標準

　　機採茶菁亦與手採茶菁相同，需針對不同茶類有不同的採摘時期與標準，而各種茶類最適採摘時期與手採茶菁相同，唯考量機採的精準度，故採摘標準稍放寬，詳如表 14-2：

▼ 表 14-2　機採茶菁依據不同製茶種類之標準

茶類	採摘時期	手採標準
綠茶	對口芽比率 10 % 以內	一心一至三葉
條形包種茶	對口芽比率 60 ～ 70 %	一心二至四葉及對口芽二至四葉
高山茶、凍頂烏龍茶、鐵觀音	對口芽比率 20 ～ 30 %	一心二至四葉及對口芽二至四葉
東方美人茶	茶芽經小綠葉蟬刺吸	一心一至三葉
紅烏龍	對口芽比率 20 ～ 30 %	一心二至五葉及對口芽二至四葉
蜜香紅茶	茶芽經小綠葉蟬刺吸	一心一至三葉
紅茶	對口芽比率 10 % 以內	一心二至四葉

（三）茶葉採摘技術比賽

　　藉由舉辦茶葉採摘比賽，以提升各地區茶葉採摘品質之風氣，且能與茶農面對面交流，且達到能力建構之目的。以下引用自 107 年（2018）全國烏龍茶茶菁採摘比賽（手採）及 111 年（2022 年）全國機採茶菁技術觀摩競賽之評分標準供作參考（表 14-3 及表 14-4）：

▼ 表 14-3　107 年（2018）全國烏龍茶茶菁採摘比賽之評分標準

項目	比重	說明
茶菁品質	40 %	每組每人逢機取 50 公克，共 300 公克，以一心二～三葉或對口芽二～三葉為標準（凍頂烏龍茶採摘標準），計算標準芽數所占重量百分比評分。計分方式：標準芽數所占重量百分比乘以 40。
茶菁重量	30 %	茶菁採摘後之每組總重，重量最重前三名得 30 分；第四名以後計分方式為茶菁總重量除以第三名茶菁總重量，再乘以 30，後續以此類推。
採摘面乾淨度	20 %	採摘後，茶行上未遺漏採摘的芽數多寡給予分級，分成 A、B、C 三級，並分別給予 20、16、12 分。
採摘速度	10 %	各組分別進行計時，最快採完前三組，給予 10 分，第四名以後計分方式為第 3 名採完時間（分鐘）除以後續各組採完時間（分鐘），再乘以 10。

▼ 表 14-4　111 年（2022）全國機採茶菁技術觀摩競賽之評分標準

項目	比重	說明
茶菁品質	40 %	每組交茶後混合取樣合計 300 公克，以一心三～四葉或對口芽三～四葉為標準（部分發酵茶機採標準），計算標準芽數所占重量百分比評分。 計分方式：（標準芽數所占重量 / 混合取樣合計 300 公克）× 40。
茶樹採剪高度及平整度	40 %	採摘後，茶行整齊度、均勻度及採摘面高度（需留 1～2 葉母葉）給予分級，分成 A、B、C 三級，並分別給予 40、35、30 分。
茶菁重量	20 %	茶菁採摘後之每組總重，重量最重得 30 分；依名次計分方式為該組茶菁總重除以第一名總重後，再乘以 20，後續以此類推。 計分方式：各組分數＝（該組茶菁總重 / 第一名總重）×20。

四、茶葉生產期與適製茶類

茶樹芽葉生長速度受到季節性的影響最大，天氣因子以氣溫影響最大，其次包含雨量、日射量等。春茶一枚葉片需 5 ～ 7 日，夏茶到秋茶需 3 ～ 5 日，冬茶需 5 ～ 7 日；通常在平地茶區，枝梢生長到 5 ～ 6 枚葉片後，叩達採摘適期，故茶樹一心二葉期後，可預估產期，如在春季約 20 ～ 25 日後就可以採收，如在夏季則在 15 ～ 20 日後採收。

茶樹一年間平均可採收 5 ～ 7 次，採摘次數多寡視海拔高度、品種、管理、生長條件不同而異，若以平地茶區採收時期（表 14-5）：

▼ 表 14-5　平地茶區採收時期

茶季	二十四節氣	時期
早春茶	立春 ～ 清明	2、3 月間
春茶	清明 ～ 立夏	4 月
夏茶	立夏 ～ 小暑	5、6 月間、端午節前後
六月白（第 2 次夏茶）	小暑 ～ 立秋	7、8 月間
秋茶	立秋 ～ 立冬	9、10 月間
冬茶	立冬 ～ 冬至	11、12 月
冬片	冬至 ～ 大寒	12 月底、翌年 1 月底

不同茶季適合製作不同茶類，通常春冬兩季氣溫較低、陽光強度低，茶樹傾向累積較少兒茶素類的化合物，因此，較適合製作不發酵或輕發酵茶類，如綠茶、包

種茶、高山茶等；而夏秋兩季因氣溫高且陽光強，茶樹容易累積較多兒茶素類，若製作輕發酵茶類會產生較多苦澀味物質，因此，多製作重發酵茶類，如紅茶、紅烏龍茶等茶類。

五、茶葉採摘注意事項

（一）需視樹齡、生長期再決定採摘

茶樹為多年生木本作物，經濟產量年限約為 20 年以上。一般達到正式經濟產量需要從植茶後 4～5 年時間始得進入成木量產期，在幼木期階段，建議透過摘心來促進萌芽與分枝，芽葉數量多，可讓樹體蓄積更多的能量，供作後續生長發育用，切勿過度採摘，以免影響整體經濟產量年限。

（二）茶葉採摘為「採嫩」，而非「嫩採」

茶樹標準採摘視不同製茶種類而定，但每一種採摘標準都需要等到當季茶芽發育至一心四、五葉期以上時，始得採摘新梢上的一心二至三葉，而保留新梢上的一至二片成熟葉，繼續行光合作用，並留下芽點，供應下一季茶芽萌芽與營養來源，此為「採嫩」；而「嫩採」定義為當季茶芽發育至一心二、三葉期時，將所有茶芽全面採收，而未保留成熟葉及芽點，此舉將影響後續茶樹發育（圖 14-11）。

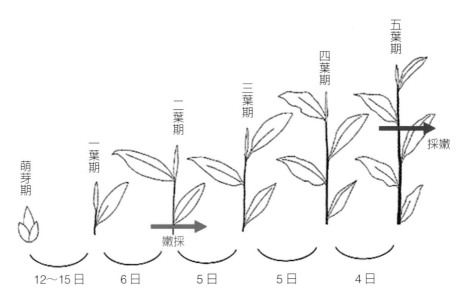

萌芽期

一葉期

二葉期

三葉期

四葉期

五葉期

採嫩

嫩採

12～15日　　6日　　5日　　5日　　4日

▎ 圖 14-11　茶葉生長發育期與「嫩採」、「採嫩」關係圖［圖片引用於農山漁村文化學會
（2008）］。

（三）需注意採摘位置，勿過度採摘

　　一般來說，主要生產的茶芽萌發自腋芽，腋芽萌發後的最初展開葉為魚葉，外觀與一般葉片不同，採摘時不可一併摘下，若採下魚葉，則會影響下一季的萌芽數及產量，也會影響樹勢，且採下之魚葉，因內容成分物質較少，製茶品質也會降低（黃，1954）。此外，採摘時必須保留適當的成熟葉，在採摘後能繼續進行光合作用，供給茶樹營養，以維持樹勢（圖 14-12）。

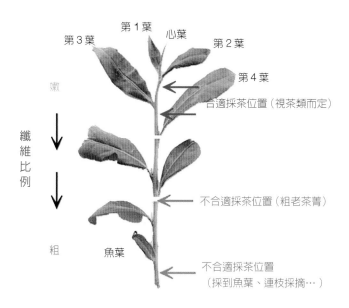

第1葉　心葉
第3葉　　　　　　第2葉
第4葉
合適採茶位置（視茶類而定）

嫩

纖維比例

不合適採茶位置（粗老茶菁）

粗　　魚葉

不合適採茶位置
（採到魚葉、連枝採摘…）

圖14-12　合適（藍色箭頭處）與不合適採摘位置（紅色箭頭處）。

（四）機採茶園採收前後管理

機採茶雖可提高採茶效率，但在機械採茶前，需要創造平整的採摘面，以利採收品質均一的茶菁。一般來說，當前一季茶芽採收後，或當季茶芽萌發前，可視茶樹生長狀況，藉由平面或弧形剪枝機對茶樹進行修剪，以利茶芽萌發整齊。當機械採收後，因對樹冠面的採收量較大，需要適度補充水分與養分供應，另機械採收會造成部分成熟葉或枝條的切口，可能提高病蟲害危害的機率，故亦需提供適度的防治，以維持茶樹的健康程度。

常年使用機械採收的茶園，隨著時間的增加，茶樹的葉層逐漸變薄，葉面積指數下降，影響茶樹正常行光合作用的效率，導致茶樹提早衰老，茶芽提早出現對口芽，直接影響茶樹產量與品質。此時需要藉由合理的茶樹留養，以增加葉層厚度與葉片數量，並維持樹體內部的營養平衡，確保茶樹維持在生長勢良好的狀態。

（五）注意採摘日的天氣與時間

茶葉製作除了茶菁品質外，採摘日的天氣相當重要，茶農均在好天氣時候採茶與製茶，採摘日若天氣降雨或雨水未乾，採收的茶菁稱為「雨菁」或「落雨菁」，則很難做到高品質茶葉。此外，亦要注意採摘時間，一般來說，以部分發酵茶而言，

最好是在上午 10 時至下午 2 時採收的茶菁（稱為午時茶或午時菁），製茶品質最好；上午 10 時前採收的茶菁（稱為早茶或早菁），則因茶菁上會有露水出現而影響製茶品質；而下午 2 時後採收的茶菁（稱為暗茶或晚菁），雖無露水干擾，但因運回製茶廠後，製茶階段日光萎凋不足，同樣影響製茶品質。

（六）其他注意事項

1. 考量同一茶樹品種較有一致的製茶風味，故多品種茶園需分別採收。
2. 考量茶園管理方式與後續銷售模式的差異，有機與慣行茶園需要分別採收。
3. 茶菁採摘後，仍進行呼吸作用產生熱能，需避免堆積擠壓，以防茶菁紅變，且應保持鮮度，盡速送至製茶廠製茶。

六、結語

不同茶類有不同茶菁採摘標準，而採摘技術亦與製茶品質息息相關，隨著採茶機械發展越進步，採茶效率益加提升，單位時間茶菁採收量也大增，採收後的茶菁雖然已是離體物，但如何維持茶菁的新鮮度，以利於茶葉製作，亦是重要課題。國內位於屏東縣內埔鄉的大型商用茶農場，由於每次採收茶菁量極大，為了保持茶菁的新鮮度，自行改裝設計茶菁車，車斗側邊加上透氣網，上方裝設自動遮蔭網（圖14-13），加上園路設計，即使從最遠的茶園回到製茶場，僅需半小時內，可降低茶菁紅變機率。故良好茶菁可謂是成功製茶的重要關鍵因子之一，茶農與茶企業需特別注重茶葉採摘。

圖 14-13　國內大型商用茶農場自行改裝之茶菁車（臺灣農林公司提供）。

七、參考文獻

1. 黃泉源。1954。茶葉之採摘。茶樹栽培學。pp. 210-236。臺灣省農林廳茶業傳習所。

2. 農山漁村文化協會。2008。茶大百科。農山漁村文化協會。

3. Carr, M. K. V. 2018. We Are Only Growing Leaves. Advances in Tea Agronomy. p.201. Cambridge University Press.

15

茶園機械使用與保養

文圖／張振厚、黃惟揚、劉天麟

一、前言

　　茶園管理為茶業經營之根基，良好的茶園管理才能生產品質優良的茶葉。茶園管理作業包括中耕、深耕、除草、施肥、施藥、剪枝、採茶等工作（黃，2003），若無使用茶園機械作業，則需仰賴大量的勞力與工時，勢必增加生產成本與影響生產管理。依據研究調查，茶園作業工時及生產成本以採茶占多數，其次為除草及病蟲害防治（黃，2001），茶園管理主要缺工的項目為除草、施肥、剪枝、採茶等工作，其中以採茶缺工占比最高（占 87%）（林等，2015）。

　　近年來臺灣面臨高齡化、少子化及社會結構變遷等問題，使得農業勞動力明顯不足，茶區缺工問題日益嚴重，勞力不足對茶園經營者是一大負擔，影響茶產業發展甚巨。因此，茶園管理作業全面機械化為茶葉生產之必然趨勢。茶園管理機械作業在於改善耕作型態，以機械替代人力，提高作業效率與效果，節省作業時間，減輕勞力負擔，降低生產成本（黃，2003），故善加利用茶園機械作業為茶園管理之必要方法。茶農可依據茶園管理的需求，選擇適宜的茶園作業機械或委託代耕業者操作管理，達到降低成本與事半功倍的效果，但仍應考量茶園的機械作業空間、茶樹行距及茶園坡度等限制因素與操作安全性，才能發揮機械作業的效益，達到省工省時的目的。

二、育苗填土機械

　　育苗填土機主要應用於茶樹苗袋填土作業，可取代傳統人工耗時費力的填土方式，減輕育苗業者負擔。苗袋填土機組包括開袋、填土、振動（圖 15-1）、升降及搬運（圖 15-2）設備，使用之育苗袋規格為 130 ～ 260 目之「蜂窩型分解紙袋」。由 1 人操作填土機，另 1 人操作搬運機，每天可生產 32,000 ～ 33,600 個苗袋，平均每人一天可生產 16,000 ～ 16,800 個苗袋，相較於現行人工填土作業，可減輕人力負荷，效率提高 2 ～ 3 倍（黃等，2021）。

圖 15-1　苗袋填土機組（填土及振動機組）。

圖 15-2　苗袋填土機組（升降及搬運機組）。

三、植茶機械

植茶機需附掛於 30 馬力以上之曳引機（圖 15-3），茶園整地後進行機械植茶作業，可彈性調整種植茶苗之行株距，並選擇單行或雙行密植之種植模式，主要用於平地茶區。

植茶機作業速率約 1 公頃／天，若採單行種植，每公頃作業人力僅需 3 名，一天可種植 12,000 株，平均 1 名人力每日可完成種植 4,000 株苗，與傳統作業比較，機械作業效率提高 5 倍，且作業較為輕鬆。若採用雙行密植，每公頃作業人力需 5 名，一天可種植 24,000 株，縮短茶樹成園期 1 年，使新植茶園提早進入採收階段，且成園後的產量比單行種植高，相較傳統人工進行雙行種植，機械作業效率可提高 6 倍（黃等，2021）。

▎ 圖 15-3　附掛式植茶機作業情形。

四、中耕機械

配合除草、施肥作業，每年施行中耕 2 ～ 4 次，深度約 10 公分，茶樹行距 140 公分以上之緩坡與平坦茶園，可用機械作業，以節省勞力，降低生產成本。適用的中耕機械如下：

（一）輕便型中耕機

動力採用 3.5 馬力二行程汽油引擎，結構簡單，體型小，重量輕，機動性強，搬運方便（圖 15-4）。適用於緩坡、窄行距平臺階段茶園。因穩定性較差，耕深靠人力控制，操作者較易勞累。

▍ 圖 15-4　輕便型中耕機。

（二）中耕管理機

以 6 馬力以上之四行程汽油引擎為動力，以油門控制作業速度，一般為前進 2 段、後退 2 段，作業深度可達 25 公分（圖 15-5），可拆卸組合刀具調整耕作寬度，車體重量約 50 公斤以上，重心低，操作較穩定，於茶園行間作業應裝置護葉導板，以避免茶樹枝條被機械纏壓損傷，並使機械能順利行進作業。每公頃作業時間約 6 ～ 8 小時。

▍ 圖 15-5　中耕管理機。

以上兩種機械均利用迴轉耕耘刀進行中耕碎土，須考慮土壤質地及作業需要，而選用深耕爪或普通爪的耕耘刀。由於中耕對表土的結構破壞性大，除應做好茶園水土保持工作外，亦須慎選中耕適當時期，避免於大雨前實施（茶業改良場，2005）。

五、深耕機械

翻轉上下層土壤，使深層土壤易起風化，改善土壤物理結構，增強土壤保水與保肥能力，截斷老弱根系，促進根群新陳代謝。耕深 20 ～ 30 公分，通常於冬季休眠期實施，若長期未曾深耕之茶園，宜實施隔行深耕，以免根系破壞過劇，稍有乾旱，即易影響茶樹生機，適用的深耕機械如下：

（一）自走式深耕機

主要由行走部和深耕作業機構所組成，使用 4 馬力四行程汽油引擎，動力經由張力輪離合器、變速箱之後分別傳動行走輪軸和深耕爪曲柄軸（圖 15-6）。深耕深度從尾輪螺桿調節，尾輪調高則深度增加，耕深 20 ～ 30 公分，耕寬 27 公分。深耕作業中，尾輪宜與機械行進同向固定，以保持深耕機在茶行間之直線作業。作業時間視土壤質地與耕深而有差異，每公頃茶園深耕約需 15 ～ 24 小時。

圖 15-6　自走式深耕機。

（二）碎土式深耕機

　　使用 6 馬力以上四行程汽油引擎為動力，動力傳遞經離心式離合器、傳動軸、齒輪箱至深耕爪裝置迴轉軸。可拆卸組合刀具調整耕作寬度，耕作深度由阻力棒及把手架控制，可依土質及地形隨意控制深度，耕深可達 40 公分，重心穩、馬力強，可達深層鬆土的功能。作業效率視土壤性質及耕深而不同，每分鐘行進作業約 4.5 ～ 6.0 公尺，每公頃茶園作業時間 15 ～ 20 小時。

（三）小型耕耘機換裝迴轉深耕犁刀

　　耕深約 20 ～ 30 公分。深耕對表土翻攪過劇，土壤結構鬆散，於坡地茶園作業易造成表土流失，宜做好防範。

六、除草機械

（一）背負半軟管及肩掛硬管式割草機

　　此類機械結構簡單，操作方便，適用範圍大，除適於平坦的茶園外，地形變化較大的茶園亦能使用。雙刃及多刃式之刀片適剪細弱雜草，粗韌草類及雜木則以鋸齒式圓鋸片為佳。部分機種可換裝尼龍線式割草器，用於細弱草類可提高剪草效果及防止損傷茶樹枝條，並可提高作業安全性。作業時割草機具應確實鎖緊，並裝置安全護罩，以雙手握緊操作桿，由右而左方向順序移動作業（圖 15-7）。

圖 15-7　背負半軟管割草機。

（二）手推式割草機

小型輕便化，以汽油引擎為動力，手推式作業，適於平坦的茶園行間剪草（圖15-8）。

▌ 圖 15-8　手推式割草機。

（三）自走式割草機

以汽油引擎為動力，離心式刀刃，作業割幅 70 ～ 80 公分，皮帶傳動，可變速操作，前進 2 檔，後退 1 檔（圖 15-9），可利用離心力將雜草排出，作業效率高，適於平坦的茶園。

▌ 圖 15-9　自走式割草機。

七、施藥機械

（一）背負式動力噴霧機

　　可單人操作，背負藥桶約 25 公升，作業效率約 1 ～ 2 公頃／天，由小型汽油引擎驅動噴藥系統，噴出之藥液顆粒細，同時有風力輔助吹送，藥液顆粒較能穿透茶樹採摘面而達樹叢內部，藥液附著效果及均勻度佳（圖 15-10）。此種方式噴藥機械成本較低且易於操作，但作業效率較低，操作者須背負機械及藥液之重量，且暴露於農藥之中，加上機械運轉的振動及藥液添加次數又多，體力負擔重而易勞累，適用於小面積茶園或局部防除噴施。

　　圖 15-10　背負式動力噴霧機。

（二）高壓動力噴霧機

　　由動力、液壓泵、高壓管、噴頭組成，可視作業需要選擇不同的排液量及不同型式的噴頭，作業效率約 3 ～ 4 公頃／天，是目前茶園使用最普遍的施藥機械（圖 15-11），適用於大面積茶園。依設備配置及作業方式，可分為：

1. 移動式

　　動力、高壓機、高壓輸液軟管等均可搬移，使用搬運車載運。

2. 半移動式

茶園內設置調藥池、搭蓋機房，主輸液管埋設至茶園內定點位置，施藥作業時再裝接高壓軟管施噴。

3. 固定式

所有施藥設備包括高壓軟管均固定施設於茶園內。也有主輸液管埋設至茶園行前，每隔 4～8 行設高壓軟管接頭，高壓軟管採架高方式，施藥作業時可免高壓軟管在地上受茶樹阻礙及拖行受損，施藥作業時僅拆裝連接噴嘴的噴桿即可，並可減少一名協助拉管的工作助手，但固定設施成本相對增加。

圖 15-11　高壓動力噴霧機。

（三）管路噴藥系統

茶園內設置調藥池， 1.25～1.50 吋輸出口徑之動力高壓裝置，及視茶園面積大小之藥液輸送及回流控制迴路，每一迴路以 1.0～1.25 吋口徑之塑膠管直接埋設至茶園內，供給 5 ～ 15 支自動旋轉多噴孔與噴出角度之噴嘴，噴灑作業以時間或噴嘴旋轉數計算，操作人僅須在機房處控制迴路之制水閥，安全性及噴灑效率高，但用藥量比一般正常人工施藥高約 0.5～3 倍，藥液不易穿透枝葉密集的樹冠面，多次作業或遇某些病蟲害的防治，常須再以人工輔助施噴，噴藥作業時微細的藥劑顆粒，易受氣流及風向影響鄰近茶園，是茶園密集之茶區設施與操作管路噴藥系統須要特別注意之事項（茶業改良場，2005）。

（四）高腳式噴藥車

　　高架跨行式作業車，搭載噴藥系統及藥桶，噴藥桿可收折（圖 15-12），單次作業範圍大，可一次噴施茶樹 9 行，作業效率約 6 公頃／天，操作門檻低且操作人員不易暴露於農藥中，但噴藥機械成本較高（寧等，2017），茶園兩端需預留噴藥車迴轉空間，適用於平地大面積茶園。

圖 15-12　高腳式噴藥車。

（五）噴藥無人機

　　無人飛行載具（unmanned aerial vehicle, UAV）用於農業噴藥又稱「無人植保機」（圖 15-13），可乘載容量約 10 ～ 20 公升之藥桶，以定速、定高度及定流量噴灑飛行，每日作業效率可達約 9 ～ 12 公頃，為人工噴藥之 10 倍以上，且操作人員可遠端遙控，遠離農藥，並減少噴施用水量，但投入成本及操作技術門檻較高，且目前操作無人機進行噴灑作業需遵循民航局及防檢局法規與具備相關證照。評估其成本效益與操作安全性，可委託農藥代噴業者操作。若茶園零散分布與建物或電纜線混雜及電波干擾，或山區因地形起伏及氣候變化較大等因素，皆不利於無

人機操作，以平地大面積茶園及農場與產銷班較爲適合（寧與江，2019；寧等，2017）。

▌ 圖 15-13　噴藥無人機。

八、施肥機械

包括粉狀、粒質、液體及有機質肥料。

（一）粉狀與粒質肥料

以人工或轉盤式施肥機撒施後再以中耕管理機或耕耘機碎土攪拌，或以中耕管理機附裝施肥機構，進行施肥、鬆土、攪拌、除草一次完成作業。自走式施肥機（圖15-14），以汽油引擎爲動力，搭載 60 ～ 120 公升肥料桶，具有施肥量及撒布寬度之調節功能，撒布範圍最高可達直徑 3 公尺，作業適用性高，平地、坡地、狹窄地形均可適用，結構簡單，操作容易，作業效果較佳。機械施肥之肥料應避免潮溼結塊，作業前先視需要調整施肥流量，施肥作業後應將機體各部徹底清洗，以防鏽蝕。

圖 15-14　自走式施肥機。

（二）液體肥料

稀釋後地表澆灌或將液肥以注入器注入 PE 穿孔管灌溉系統或滴灌系統之主管內，使灌溉時兼施液肥，施肥完成後，應注入清水使灌溉系統保持運轉約 10 分鐘，以避免液肥積存於管路。

（三）有機質肥料

以條狀施放為原則，肥料撒布施放於茶行間再以耕耘機迴轉刀碎土攪拌，或以動力深耕爪、翻土器等機具翻埋入土中。肥料桶內之肥料若未施完，應取出裝袋密封，以防止潮溼結塊影響機械運轉，並清洗機體，避免鏽蝕，維持機械作業性能與使用年限（茶業改良場，2005）。

（四）附掛式施肥機

施肥機附掛安裝於乘坐式採茶機後方 2 側（圖 15-15），每次施放肥料 2 行，可提更高施肥效率及減輕作業負擔，肥料可放置於採茶機補充，1 人駕駛採茶機，另 1 人將肥料倒於施肥桶，作業速率約 2 ～ 3 公頃／天，適用於平地茶園。

▌ 圖 15-15　附掛式施肥機。

九、剪枝機械

依機械型式有單人式、雙人式與乘坐式剪枝機。剪枝深度於作業前即應確認，調整相關機構，以利剪枝作業。

（一）淺剪枝機

1.　單人式淺剪枝機

為水平往復剪刃，剪刃長約 70 ～ 100 公分，單人操作，剪枝深度較不易控制平整（圖 15-16），要修剪為淺弧型之採摘面，須有高度與熟練的操作技術。

圖 15-16　單人式淺剪枝機。

2. 雙人式淺剪枝機

　　有水平及弧形剪刃，有效剪枝寬度 110 ～ 120 公分，其中弧型刀刃有分大弧（R1150）與淺弧（R3000），剪斷茶樹枝條直徑 0.8 公分以內，附裝有鼓風機之淺剪枝機，可產生風力吹送剪斷後聚積於往復剪刃上之枝條（圖 15-17）。

　　操作雙人式淺剪枝機，依茶樹高度將操作把手做適當調整，兩側操作人員配合地形及茶樹高度，調整把手至操作時手臂關節不致彎曲的情況，操作時才能減低勞累，並使茶樹樹面弧度保持平整。

圖 15-17　雙人式淺剪枝機。

（二）中剪枝機

以汽油引擎帶動往復式剪刃，刃齒較厚實且為梯形刀刃（圖 15-18），有效剪枝寬度 110 ～ 120 公分，剪刃弧型有大弧（R1150）與淺弧（R3000）及平剪。機臺重量約 13 ～ 15 公斤，剪斷茶樹枝條直徑 1.5 公分以下。

中剪枝作業以 2 人各操作剪枝機兩側，行進於茶行間進行剪枝作業，剪枝高度約茶樹離地面 45 公分處，每行茶樹以去回 2 次完成中剪枝作業。

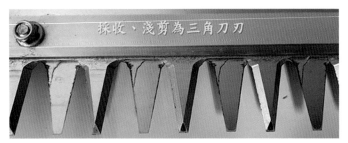

▎圖 15-18　梯形刀刃與三角刀刃。

（三）自走式中剪枝機

碎枝機構與剪枝機構，附掛於小型履帶車上，由單人操作行進於茶行間，先將剪枝深度以上的枝條打碎，再以剪枝機構修剪碎枝面，同時完成碎枝與剪枝作業（圖 15-19），細碎後枝條散布於茶行間，可增加土壤有機質，與一般雙人式剪枝機作業比較，人力減少 1 / 2，作業效率約可提升 4 倍以上（張，2014）。

圖 15-19　自走式中剪枝機。

（四）深剪枝機

枝條直徑大於 2 公分，剪枝高度低於 40 公分之茶樹深剪枝作業，可使用背負半軟管式或肩掛硬管式剪草機換裝圓盤鋸片為代用機械（圖 15-20），但宜用排氣量 30 c.c. 以上之引擎機種，圓盤鋸直徑 20 ～ 25 公分，每寸 5 ～ 9 個正鋸齒，可保持切口之平滑。

作業效能視環境有所不同，坡地茶園地形變化較大或深剪枝高度較高者，以背負軟管式較能適應其使用條件，操作也較方便，但作業時須緊握操作桿，控制鋸片往返動作，較容易勞累。於平坦地形，剪枝高度較深者，則以掛肩硬管式機械，操作較為輕鬆（茶業改良場，2005）。

圖 15-20　深剪枝機。

（五）樹裙修剪機

雙剪刀樹裙修剪機可調整張開寬度 20～80 公分，中間有承載行走輪，以推或拉的方式作業，修剪後能有均等的茶行間寬度，且有良好的樹裙修剪效率（圖 15-21）。

亦可使用單剪刀剪枝機，附裝在可調整剪刀高度與傾斜角之專用機架上，以推的方式作業，能將樹冠下作比較大角度的細弱枝條剪除，使茶行間通風效果提高。

圖 15-21　樹裙修剪機。

（六）乘坐式剪枝機

利用乘坐式剪枝機可進行茶園淺剪及中剪作業（圖 15-22），大幅提高剪枝效率及減輕作業負擔，只需 1 人操作，完成碎枝與剪枝工作，枝條細碎散布於茶行間，但僅適合在平地或緩坡茶園（坡度 15 度以下）作業，茶園兩端需預留約 2.5 公尺寬的迴轉空間，供機器進出及轉向。

▌圖 15-22　乘坐式剪枝機。

十、採茶機具

（一）單人採茶機

有效採茶寬度 40 ～ 60 公分，手持剪採機構重量約 4 ～ 5 公斤，操作人數 1 ～ 2 人（圖 15-23），可分為引擎式及電動式 2 種，動力源多採用背負式，全機重量約 10 ～ 12 公斤。

▌圖 15-23　單人採茶機。

　　引擎式以小型汽油引擎為動力，經傳動索帶動鼓風扇和往復式剪刀，利用風力將採收的茶菁吹入採茶袋中，電動式則使用直流馬達驅動。可單人操作，每行茶樹依剪刀寬及茶樹採摘面寬度去回 3 ～ 4 次完成採收，採茶速率約 120 ～ 180 公斤 / 小時，由於小型輕便，可應用於坡度較大之茶園，但採茶高度控制的穩定性較差。

（二）雙人採茶機

　　有效採茶寬度 80 ～ 120 公分，機臺重量約 12 ～ 13 公斤，操作人數 2 ～ 3 人（圖 15-24），以汽油引擎帶動鼓風扇和往復式剪刃，利用風力將採收的茶菁吹入採茶袋中，剪刃弧型主要有大弧（R1150）與淺弧（R3000）及水平式 3 種。由兩人各操作採茶機兩側，行進於茶行間進行採茶作業，如增加 1 人協助採茶袋的牽提，則可提高作業的便利性及效率，每行茶樹以去回兩次完成採收，採茶速率約 250 ～ 300 公斤 / 小時。雙人式採茶機作業效率高，剪菁效果佳，較能控制平整的採摘面及茶葉品質，為臺灣機採茶園最主要的茶葉採收機械。

▌ 圖 15-24　雙人採茶機。

（三）乘坐式採茶機

　　為履帶式跨行作業的大型採茶機械（圖 15-25），主要功能為採茶與淺剪，依機型可選配中剪、施肥、修邊與深犁等附掛機械，作業寬度為 160 ～ 180 公分，採茶高度 45 ～ 90 公分，採茶速率約 750 ～ 1,250 公斤 / 小時，集茶方式可分為換袋式與箱型式，其中換袋式採茶機需 2 人作業，1 人駕駛採茶機，1 人更換採茶袋，作業效率 1 ～ 1.5 公頃 / 天，箱型式採茶機不需要換袋，只需 1 人作業，作業效率

1.5 ～ 2 公頃／天。

　　乘坐式採茶機作業效率及採茶高度控制的穩定性高，茶菁品質較佳，但機械價格昂貴，投資成本較高，適合於平地或緩坡茶園（坡度 15 度以下）作業，茶園兩端需預留 2.5 公尺寬的迴轉空間，供機器進出及轉向。為發揮乘坐式採茶機的效益，建議茶園作業面積達 5 公頃以上，茶樹行距需達 1.6 公尺以上，並購置 3.5 噸的貨車以搬運採茶機（黃等，2017；黃等，2019），且需評估貯放空間及維修保養，並熟悉操作程序與注意事項，以確保作業安全性。

圖 15-25　乘坐式採茶機。

（四）採茶機之輔具

　　近年操作手持式採茶機之工人逐年老化，操作人員需要分別負擔 10 ～ 15 公斤採茶機與茶菁的重量，長期作業容易造成職業傷害，茶業改良場與中山大學合作開發採茶機之輔具（圖 15-26），利用外骨骼支撐採茶機之重量，可降低機採工人上臂之負擔，但實務上影響採茶機操作靈活性，是尚需要改進之處。

▎圖 15-26　採茶機之輔具。

十一、機械之保養

茶園機械的組成可概分為動力部、傳動部及作用部等，其中動力部與傳動部通用之保養方式如下：

（一）動力部（引擎）

部分組件依照使用時數進行定期保養者：

保養週期	保養項目
25 小時保養	空氣濾清器、濾油杯
50 小時保養	清除火星塞積碳，間隙調整（更換時注意規格），空氣散熱系統清潔
100 小時保養	化油器、消音器清潔
備註：四衝程引擎曲軸箱須定期更換機油	

1. **油料**

二衝程引擎油料之汽油／機油比 25：1 混合比（使用新引擎前 20 小時之汽油／機油比 20：1），油路應保持暢通，油路內過久之存油，應放掉重新添加。定期檢查油路之濾油杯，且清理化油器內的雜質。

2. **空氣濾清器**

避免空氣濾淨器中的灰塵進入汽缸造成磨損。視工作環境定期清潔，約每 25

小時清潔 1 次。乾式濾清器與濾網以汽油或肥皂水洗淨，待乾後裝回。溼式油杯與濾網以汽油洗淨，加足油量後裝回。

3.　電路系統

保持電路系統清潔，避免油汙沾附。火星塞 100 工作小時拆下清除積碳，並調整間隙 0.5 ～ 0.7 mm。裝卸時應注意是否誤觸電路各接點。

4.　散熱系統

溫度過高易造成引擎運轉不順、馬力不足及磨損加劇，甚至汽缸鎖死。造成引擎過熱的原因有潤滑油不足及品質不良、散熱系統不佳、長期高負載作業。一般分為 2 種，一是氣冷式系統：維持空氣之流通，散熱片之清潔；二是水冷式系統：保持足夠水量，確認水及風的循環正常。

5.　排氣系統

排氣系統阻塞時會有加速不良、馬力不足現象。二衝程引擎的排氣口易積碳且消音器內油汙易阻塞。

6.　潤滑系統

潤滑油有減少金屬間之摩擦、散熱及清潔之功能。使用品質良好、規格正確之潤滑油。二衝程引擎潤滑油添加於汽油中，充分潤滑引擎內的汽缸和活塞。四衝程引擎潤滑油用於曲軸箱之油槽，一般用 30 ～ 40＃機油。熱機後潤滑油之流動性佳，且雜質懸浮於油中，故熱機後更換潤滑油效益更好。

（二）傳動部

1.　離合器及皮帶組

茶園機械主要使用離心式離合器及張力輪離合器。離合器及皮帶傳動避免油質沾附。皮帶、皮帶輪及張力輪離合器應保持中心線之對正。皮帶傳動及張力輪離合器應保持適當鬆緊度，避免傳動打滑導致摩擦生熱，減低傳動裝置壽命。

2.　齒輪箱及軸承

定期更換潤滑油、黃油。齒輪箱注排油須定期更換 90＃潤滑油。採茶、剪枝機往復動作曲柄箱，每週注黃油 1 次，每季拆開清潔 1 次；另避免長期高速、過負荷作業。

十二、機械長期存放之保養

排乾燃料系統之油料，排乾水冷式引擎之冷卻水。拆下火星塞，滴入少量機油，拉轉引擎數次。使活塞定置於壓縮位置後，裝回火星塞。故障先行排除、檢修。放鬆彈簧拉緊及壓迫處，如離合器、惰輪等。活動部位做好潤滑處理；易生鏽部位做防鏽處理，並存放於乾燥無灰塵處所。

十三、茶園機械化作業輔導與推廣

為解決茶園採收缺工與從業人力高齡化問題，導入省工省力農機具是未來的產業趨勢。茶改場從民國 104 年輔導茶農採用「乘坐式採茶機」以紓緩採茶缺工問題，成功於桃園、新竹、屏東、花蓮及臺東導入大型機械作業，作業面積將近 600 公頃。另外，茶改場每年辦理 1 ～ 2 場次各項機械化作業推廣活動，民國 111 年 8 月 29 日於南投縣名間鄉舉辦「茶園省工、智慧及電動農機示範觀摩會」（圖 15-27），會中展示包括「省工省力」、「智慧高效」及「電動農機」等 3 大主軸，分別展現茶園導入大型省工高效及省力輔具農機；智慧系統機具輔助農民操作、記錄與決策系統，提高機具作業效率；電動農機更是未來產業趨勢，以達到農委會宣示 2040 年農機全面電動化，邁向淨零碳排目標。期望透過觀摩會活動，使更多農民了解機械作業的好處，在面對茶產業勞力缺乏的問題上，能有更長遠的規劃。

▌ 圖 15-27　茶園省工、智慧及電動農機示範觀摩會。

十四、結語

　　不同的茶園機械皆有其適用性及操作特性，茶農可依據茶園管理需求，選擇適宜的茶園作業機械或委託代耕業者操作管理，達到降低成本與事半功倍的效果，但仍應考量茶園的機械作業空間、茶樹行距及茶園坡度等限制因素與操作安全性，才能發揮機械作業的效益，達到省工省時的目的。此外，茶園機械多由馬達或引擎驅動旋轉或行走，且部分機構附有刀具，如操作不當易造成人員損傷或機械損壞，故使用前應先了解機械特性及熟悉操作程序與安全防護裝置，操作者亦應穿戴適當的工作服或護具面罩，操作中應留意地形地物的變化，維護或故障排除應在機械關機停止狀態下為之，安全至上才是應用茶園機械作業最重要的考量。

十五、參考文獻

1. 李清柳。2005。茶園栽培管理機械的使用與保養。茶業技術推廣手冊—茶作栽培技術。pp. 95-105。行政院農業委員會茶業改良場。

2. 李清柳。1992。茶葉採摘作業機械化之研究與推廣。茶葉產製研討會專刊。pp. 115-124。臺灣省茶業改良場。

3. 林義豪、潘韋成、郭婷玫、林金池、賴正南。2015。茶產業缺工狀況調查。臺灣茶業研究彙報 34:237-246。

4. 張振厚。2014。小型履帶式茶樹中剪枝機介紹。茶業專訊 87:5-6。

5. 黃膽鋒。2003。茶業機械化之回顧與展望。臺灣茶葉產製科技研究與發展專刊。pp. 101-108。行政院農業委員會茶業改良場。

6. 黃膽鋒。2001。手採茶園未來機械化作業之推展。臺茶研究發展與推廣研討會專刊。pp. 38-43。行政院農業委員會茶業改良場。

7. 黃惟揚、巫嘉昌、林和春、蘇彥碩、劉銘純、張振厚。2017。乘坐式採茶機械在平地茶園應用。茶情雙月刊 89:1-4。

8. 黃惟揚、劉天麟、蘇登照。2019。茶園省工機械大推手—乘坐式採茶機。茶業專訊 109:1-5。

9. 黃惟揚、劉天麟。2019。引進苗袋填土機組，茶苗育苗產業邁入機械化。

茶業專訊 107:14-15。

10. 黃惟揚、劉天麟。2021。茶改場技轉「苗袋塡土機組之操作技術」解決茶苗缺工問題。茶業專訊 115:13-14。

11. 黃惟揚、劉天麟、葉仲基、林和春。2019。半自動植茶機研究與改良。2019 生機與農機學術研討會論文集。pp. 22-24。臺灣生物機電學會。

12. 黃惟揚、劉天麟、蘇宗振、吳聲舜。2021。茶園育苗機械及植茶機械之研究與改良。農政與農情 354:117-120。

13. 寧方俞、江致民。2019。平地茶園導入農噴無人機之效益分析。茶業專訊 108:6-9。

14. 寧方俞、蘇彥碩、蔡憲宗。2017。無人飛行載具（UAV）應用於茶園農藥噴施作業之現況說明。茶業專訊 102:1-2。

國家圖書館出版品預行編目(CIP)資料

臺灣茶作學 / 農業部茶及飲料作物改良場編
著. -- 三版. -- 臺北市 : 五南圖書出版股
份有限公司出版 ; 桃園市 : 農業部茶及飲料
作物改良場發行, 2024.01
　面 ; 公分
ISBN 978-626-366-879-9(平裝)
1.CST: 茶葉 2.CST: 栽培 3.CST: 木本植物
434.181　　　　　　　　　112021266

5N52

臺灣茶作學

發 行 人 — 蘇宗振

主　　編 — 林秀榮、邱垂豐

著　　作 — 蘇宗振、邱垂豐、吳聲舜、蔡憲宗、劉天麟、林儒宏、
　　　　　　蘇彥碩、胡智益、林秀榮、劉千如、黃玉如、羅士凱、
　　　　　　張振厚、邱明賜、戴佳如、劉秋芳、黃惟揚、陳柏蓁、
　　　　　　楊小瑩、林育聖

編　　審 — 蘇宗振、邱垂豐、吳聲舜、史瓊月、蔡憲宗、楊美珠、
　　　　　　林金池、劉天麟、黃正宗、蕭建興、蘇彥碩、林儒宏、
　　　　　　賴正南

發行單位 — 農業部茶及飲料作物改良場
　　　　　　地址：326 桃園市楊梅區埔心中興路 324 號
　　　　　　電話：(03) 4822059
　　　　　　網址：https://www.tbrs.gov.tw

出版單位 — 五南圖書出版股份有限公司

美術編輯 — 何富珊、徐慧如、姚孝慈
　　　　　　印刷：五南圖書出版股份有限公司
　　　　　　地址：106 台北市大安區和平東路二段 339 號 4 樓
　　　　　　電話：(02) 2705-5066　　傳真：(02) 2706-6100
　　　　　　網址：https://www.wunan.com.tw
　　　　　　電子郵件：wunan @ wunan.com.tw
　　　　　　劃撥帳號：01068953
　　　　　　戶名：五南圖書出版股份有限公司

法律顧問　林勝安律師

出版日期　2023年4月初版一刷
　　　　　2023年5月二版一刷
　　　　　2024年1月三版一刷

定　　價　新臺幣600元